猪场的饲养管理要点与猪病防治策略

徐国栋　郭立力　主编

中国农业出版社

编者简介 ···

　　徐国栋，男，1971 年生，1995 年毕业于南京农业大学动物医学院。天津市动物疫病预防控制中心病理外检室副主任、高级兽医师。一直从事动物疾病防治的技术推广工作。

　　目前参加完成课题六项，其中一项获部级一等奖，两项获天津市科技进步三等奖；参加编写专业书籍两部；以第一作者署名撰写的学术论文共 38 篇，其中两篇被评为优秀论文；2010 年以 341 分的天津市最高成绩通过了首次全国执业兽医资格考试；多次通过电视讲座、广播电台直播、现场讲座、集中培训、深入养殖场户等形式对基层兽医、养殖人员进行养殖技术的培训和指导。

　　在动物疾病的防治中，善于从生产实际情况出发，用动态的、发展的、进化的观点看待动物疾病的发生、发展和转归，主张中西（兽）医结合的防治方向，认为综合运用中西（兽）医学的知识，恰当地调节内外致病因子与动物机体间的关系，最终能使养殖者在养殖过程中遇到的"疑难杂症"找到最佳解决方案。

编者简介 ··

郭立力，女，1961年生，1983年毕业于甘肃农业大学兽医系，学士学位。一直从事动物疫病的实验室诊断工作及实验室管理工作。现任天津市动物疫病预防控制中心实验室副主任、高级兽医师。

科学技术研究方面，曾参加"天津市种鸡场白痢净化示范工程"、"十万只珍禽饲养技术推广"、"天津市主要禽用疫苗的研究与开发"、"良种瘦肉〈配套系〉猪推广"、"天津地区猪繁殖与呼吸综合征病原变异与防控措施研究"、"鸡贫血病毒全长感染性分子克隆的构建"等项目，获天津市科技进步三等奖2项，农牧渔业三等奖1项。主持修订了天津市地方标准《鸡白痢净化操作规程》。目前正参加天津市自然科学基金项目"布氏杆菌病和猪流感分子检测方法的研究与应用"项目。参加编写专业书籍《肉羊高效养殖新技术》、《无公害肉犬标准化生产》及《村级动物防疫员实用手册》三部；近年来，共发表专业论文20余篇。

编写人员 ·················

主　编　徐国栋　郭立力
副主编　骆　维　王鸿英
编　者（按姓名笔画排序）

王　东　天津市畜牧兽医研究所

王玉舜　天津市北辰区动物疫病预防控制中心

王健春　天津市动物疫病预防控制中心

王鸿英　天津市动物疫病预防控制中心

尹春博　天津市动物疫病预防控制中心

石　瑜　天津市动物疫病预防控制中心

刘长辉　天津市动物疫病预防控制中心

李　峰　辉瑞国际贸易（上海）有限公司

李　颖　天津市动物疫病预防控制中心

李智红　天津市动物疫病预防控制中心

汪继波　世纪华奕天津动物饲料营养有限公司

张立新　天津市动物疫病预防控制中心

张宝俊　天津市宝坻区大钟庄兽医站

编写人员

张建林　天津市崇实生猪养殖场

骆　维　天津市动物疫病预防控制中心

袁　增　天津市武清区动物疫病预防控制中心

徐国栋　天津市动物疫病预防控制中心

郭立力　天津市动物疫病预防控制中心

蒙晓雷　天津市动物疫病预防控制中心

主　审　王瑞久

前言 ■■■■■■■■■■■■■■■■■ ·········

我国幅员辽阔、气候与地理环境各不相同，这就决定了各个地区猪的饲养管理与疾病防治各有侧重点，例如有的地区高温高湿对猪群正常生理承受能力产生较大压力，有的地区有猪囊虫病的流行等。但随业界生猪养殖理念的不断更新，在考虑到本地区或猪场具体情况的前提下，国内生猪养殖模式日趋大同，使用更加科学、合理的饲养管理模式和疾病防治理念已成趋势，其目的是为了追求养猪所带来的更大利润。在信息传递速度加快的今天，猪的价格因素不是一两个猪场的存栏量所能决定的，它受控于多方面因素，如国家政策性调控、总的存栏量与出栏量、居民消费水平与消费习惯、国内市场的流通能力、人兽共患病的流行、食品安全问题对消费者消费心理的影响等，但针对一个猪场而言，无论是出售种猪，还是肥育猪，在遵守相关法律法规前提下，为获得更大利润，所能做到的只有以下两点：（1）尽量通过科学合理的饲料配方以降低全价饲料的成本；（2）通过有效的疾病防控来提高生猪的窝出栏率和生猪平均体重。因此，如何依据猪场具体条件选择最佳饲养管理模式和疾病防治方案是养殖者利益最大化的两个关键点。

众所周知，在养猪生产中，猪病的流行是造成养殖成本上升的一个主要原因。在现实养殖中，往往会有这样一种现象，在猪场建筑和猪群品种固定的前提下，投资者首先考虑的问题就是如何保证猪群不发生大规模的疾病流行，而后再去降低养殖成本。这说明养殖者对当前国内猪病流行危害性的认知程度，毫不讳言，在国内现实情况下，凡能控制住猪群大规模发病的猪场，都取得了良好的经济效益。而找出本猪场疾病发生的关键原因并加以合理控制，并不是所有猪场都能做到的，这就需要我们去重新认知疾病的本质，在生产中不断调整猪群状态，最终将疾病的发生控制在稳定状态。

本书以科学性、前瞻性和实用性并重为编写原则，突破常规编写模式，在内容的安排上分为上、下两篇：上篇以猪的饲养管理要点、常用抗细菌药物的合理使用及疾病诊断图谱为主要编写内容，对生猪养殖环节中的饲养管理要点进行了简明扼要的论述，以期使养殖者的养殖模式更加合理化；对某些常见多发病或某些重点疫病的相关图谱独立成章，以增强养殖者对猪病的感性认识，以便更加深入地理解编者在猪群饲养管理、确定猪病防治方向上的理念。下篇以当前流行的主要猪病为对象进行防治策略的纵向系统阐述，编写的内容有以下三个特点：

（1）在对疾病诊疗内容的描述中，有时以临床中最先或经常会观察到的群发症状为契机展开论述（如本书中关于"猪的呼吸道病复合征"内容），突出与疾病相关的示病性指征，避免冗长拖沓的全方位描述，符合人类思维定式，使读者易于拨开重重疑雾，更容易依据所想了解的内容为切入点进行查阅，从而抓住与疾病本质息息相关的关键环节，以便于生产一线中的读者易于接受。

（2）内容不求面面俱到，而以养殖者在生产中经常遇到的疾病为描述对象，并且有些疾病的防治并不系统阐述，其防治中的某些关键点散落在其他有关章节中（如与伪狂犬病防治有关的内容），但求以最小的篇幅让养殖者得到更多、更实用的信息。

（3）所有编写者均活跃在生产第一线，他们或参与着猪场的养殖管理，或战斗在猪病防治阵线的前沿，所得多年的经验十分宝贵，甚至有些在理论上还不能完全解释得清的做法，却在现实生产中得到了充分肯定。从整体上看，本书的上、下两篇在内容上可互为姊妹篇，读者可相互参阅，以便能更加深入地理解编者在猪群饲养管理、确定猪病防治方向上的理念。

以分子生物学为导向的现代生命科学研究日新月异，新理论、新概念、新发现随时都会出现。本书的编写从生产实际出发，有些观念不可避免地滞后于新的研究成果，编者希望读者在汲取本书中关于猪病防治理念的同时，能有选择地不断验证和吸收其他实用、易用、可用的最新研究成果，从而不断提高猪病防治水平。我们相信本书会受到读者的欢迎，能有助于读者在猪病防治中取得更大的成绩。

因作者水平有限，书中缺点和不足之处敬请读者批评、指正。

编　者

2012 年 1 月

目 录

前言

上 篇

下　篇

上 篇

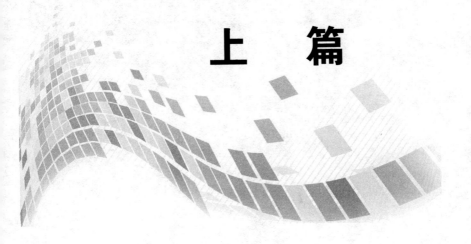

第一章 与猪病相关的各亚群猪营养需求要点

20世纪90年代以来，我国养猪业有了突飞猛进的发展，养殖结构日趋正规化模式饲养（图1-1），完整的产业链已经形成，国内猪的营养研究经历着一个快速发展时期，随着新技术的广泛应用、科学管理方法的普及，原有的一些观念和做法随着猪的品种改良或新技术成果的出现发生了很大的变化。同时，因养殖场所需要的饲料类型不同，市场上饲料产品呈现出多元化（图1-2）。关于猪在各阶段生理结构方面及所需营养方面的知识，已有较多资料可供参考，我们不再赘述，本章仅对近10年来在饲料营养方面的最新进展进行简要叙述，希望这些观念能对读者有所帮助。

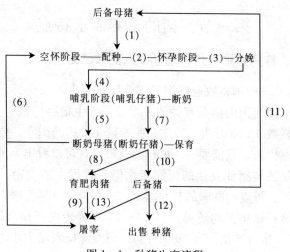

图1-1 种猪生产流程

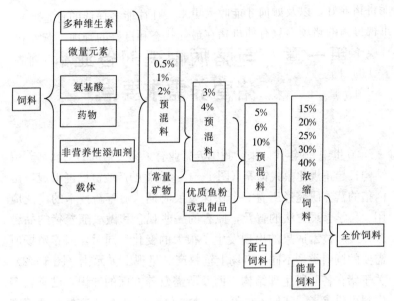

图1-2　市场上现行猪饲料分类及其组成

第一节　猪的营养需求特点

一、种猪繁殖力是养殖场收入的关键因素

在2009中国畜牧业暨饲料工业展览会上，农业部公布了当年第一季度与国内猪业有关的一组数据：生猪存栏数4.6亿头，母猪存栏数4 900万头。若在某些养猪业发达的国家，要达到这一生猪存栏量，只需要一半的母猪就够了，可以看出，国内母猪的生产状态与猪业发达的国家相比仍有着很大的差距。在比利时、荷兰、丹麦和欧洲的其他国家，一头母猪（尽管瘦肉率非常高的种猪）每年平均还可产出23～24头可转栏仔猪（即60日龄）；或一生可产出65～70头仔猪。只有那样农场主才能赚钱。

当养殖场老板们在一起谈及猪的饲养时，肯定会分享如何才能将猪养好，以及如何才能收入更多。往往能多挣钱的总是那些重视母猪的猪场。只有使母猪在最佳状态和良好的管理、营养和环境条件下，才能给仔猪一个健康的开端，并最终为投资者创造最佳的回报。

母猪是一个养殖场主要的投资工具和最重要的机器（就好比运输公司的汽车，汽车必须得到良好的维护；它们一天不能运输货物，就一天不能给车主创造收入）。我们希望这部机器在它有限的生命周期内能够给养殖者生产出最可能多的仔猪千克数和转栏仔猪数。

下面我们就能给猪场带来收益的调查来说明母猪繁殖性能的决定性作用：调查以提高母猪的繁殖性能、降低料肉比两项各自所获得的收益来进行对比，结果见表1-1。

表1-1 母猪繁殖性能与料肉比收益对比表

单位：元

可转栏仔猪数	上市体重（kg）	kg	总收入	每头母猪每年的投入（包括仔猪的饲料）	每头仔猪的成本	肥育猪饲料	保健	毛利	多赢利
15	100	12.60	18 900.00	4 260.00	284.00	8 928.00	750.00	4 962.00	
18	100	12.60	22 680.00	4 620.00	256.67	10 713.60	900.00	6 446.40	1 484.40
20	100	12.60	25 200.00	4 920.00	246.00	11 904.00	1 000.00	7 376.00	2 414.00
肥育猪料肉比下降0.1			20头成本下降						384.00
肥育猪料肉比下降0.2			20头成本下降						768.00

说明：数据源于2010年1月天津地区饲料原料及某公司生产的饲料价格、毛猪价格。

①总收入：为可转栏仔猪数×上市体重×毛猪价格。

②每头母猪每年的投入（包括仔猪到20kg体重的饲料）：母猪按每年1.2t全价料计算，单价分别按15头2.4元/kg、18头2.5元/kg、20头2.6元/kg计算，乳仔猪按教槽3kg、每千克8元计算，保健按20kg全价料、每千克3.4元进行计算。

③肥育猪饲料成本：每头肥育猪按250kg全价料、单价按2.4元/kg计算。

④保健成本：每头按50元计算。

⑤以上所进行的计算，是假设猪群在理想生产状态下进行的。

通过以上计算不难看出，提高母猪的繁殖性能比降低料肉比给猪场带来多好几倍的收益，而国内饲料业发展到今天，想将肥猪全程料肉比再降低 0.2 个百分点相当困难，因想降低料肉比还要在肥猪料配比上付出更多成本。这样两项在收益上的对比差异就会更大，所以说养好母猪是养殖场赢利的关键。母猪养好仔猪也会好，猪的后期长势就不会差，这样母猪繁殖力提高和肥育猪料肉比下降所带来的利润都能挣到，这才是养殖场所想要的。

二、母猪分胎次营养差异化及母猪分阶段饲喂——提高母猪繁殖性能的策略

当前情况下，提高母猪繁殖性能的最佳方案：母猪分胎次营养差异化及母猪分阶段饲喂。

1. 品种改良与营养需求的关系

10 年前，很少有人感到母猪繁殖成绩有什么问题，而今母猪不发情、产仔数少、奶水少、复配多、无乳症、子宫炎、提早淘汰等问题却成了母猪通病，造成繁殖成绩大幅滑落，除了疾病因素外，到底还有什么因素会造成如此大的变化？近年来，养猪业在快速改良品种，提升瘦肉率。但在对品种进行有目的选育的同时，其他某些遗传特性必然发生变化，最终导致旧的饲料营养模式不适于新品种（系）的生产状态，难怪问题重重。

当前母猪品种有以下九大变化：①瘦肉率增加由 50% 提升至 65%；②成熟体重变大（第 3 胎母猪可达 250kg 以上）；③每日泌乳量提高（10L 以上）；④窝仔数增加（每胎可产 12 头以上）⑤食欲下降，采食量不够；⑥繁殖障碍性疾病增多；⑦营养需求不同，阶段划分更细；⑧胎次间互相影响；⑨对营养、环境、管理及应激反应更敏感。

在如此多方面变化下，母猪的营养与饲养能不随着改变吗？否则，优秀品种的母猪潜力怎么可能发挥。

排卵数、受精率、胚胎着床率、胎儿数、产仔数、成活率可

影响每胎离奶猪头数；母猪哺乳时间、非生产日数及母猪的淘汰率可影响母猪每年的平均胎数。影响因素涉及品种、营养、疾病、管理、环境、设备等诸多问题，其中品种代表的是潜力，而营养却是达到成绩好坏不可缺少的基本条件，偏偏我们对待母猪还仍然沿用 5 年前、甚至 10 年前的饲养模式，而忘了品种已经改变，营养和饲料也必须一起跟着改变。

2. 母猪与肥育猪营养差异

后备母猪的营养需求与肥育猪有本质的区别：维生素方面，维生素 A、维生素 E、叶酸、生物素对母猪特别重要，而肥育猪需求较少或很少需求，比如叶酸、生物素在肥育猪中含量极低。矿物质方面，种猪对铜的需求较低，对铁的需求较肥育猪高，由于后备母猪既要让生殖系统发育，同时还处在身体发育阶段，所以对钙、磷的需求都较肥育猪高 0.1%；另外，蛋白质和赖氨酸都分别高 1%、0.15%。

用育肥猪的饲料来喂后备母猪会导致以下问题。

①不发情：铜太高（生殖系统的第一杀手），维生素 E、维生素 C、维生素 A 不足或缺乏；

②产仔少：蛋氨酸或胆碱不足或缺乏，导致排卵少；

③蹄裂：缺乏钙、磷和生物素导致腿和蹄部发育不佳，种用价值降低，淘汰率高；

④体型像大肥猪，能量过高。

基于以上原因，后备母猪绝不能用肥育猪料喂至配种前，应从 75kg 开始喂后备母猪专用料，后备母猪不能喂得过肥，应每日采食 2.2～2.5kg，至配种前 10 天开始催情，每日采食量提高到 3.0～3.5kg。到配种时日龄要达到 7.5～8 月龄，体重达到 120kg 以上，背膘 18 mm，达到二次以上发情才能配种。

3. 各胎次的营养差异

母猪一生 5～6 胎，要特别需要关注第 1 胎和第 2 胎，尤其是第 1 胎，营养水平一定要高。一般来说，第 1 胎比第 3、4 胎营养水平高 20%，第 2 胎比第 3、4 胎高 10%。母猪一生的哺乳期最好能添加 2%～3%优质鱼粉和 1%～2%豆油，可根据胎次的营养需求原则进行添加。如果不能使初产母猪一开始就保持良好的体况，它就不可能发挥第 3、4 和 5 胎的生产潜能，对母猪的投资就不能获得最好的收益。

4. 母猪分阶段饲养

高产母猪的饲喂流程：

（1）**配种后至怀孕 3 天**　采食怀孕母猪料。配种后头两天，1～2 胎母猪每头每日采食量应限制在 1.8kg 以下（1.5kg 为宜），第 3 胎后母猪影响较小，采食量以 1.8kg 左右为宜。怀孕头 3 天，高采食量容易导致胚胎死亡率增加，其中以配种后48～72h 最为关键，尤其在夏天及对年轻母猪的影响更大。

（2）**配种后 3～30 天**　每日采食量 2.0～2.2kg 怀孕母猪料，具体依体重调整。肥瘦适中者，食量过高会增加胚胎死亡率，如果太瘦的母猪，增加食量反而会降低胚胎死亡率。注意：夏天要在清晨或入夜时给饲，可避免流产、增加产仔数。

（3）**配后 30～90 天**　每日 2.5～2.8kg 怀孕母猪饲料，此阶段食量只需提供维持所需营养。但也有报道，配种 40～85 天期间，如果摄取营养太少，会造成胎儿肌肉纤维不足，影响后代及瘦肉率。

（4）**配种后 90～110 天**　采食哺乳料。每日采食量应增加至 3.0～3.5kg。如采食量上不去，将影响胎儿的成长及泌乳期的采食量。

（5）**分娩前 4 天至分娩后 2 天**　每日采食量应由 3.5kg 渐减至 1.0kg，分娩时可饮用多种维生素，以补充体力，防止分娩时间过长。

（6）**哺乳期**　逐日增加采食量，尽可能自由采食。采食量＝（1.8～2.5kg）＋0.4×带仔数。

（7）**离乳后**　马上催情。每日采食量 3.0kg 以上哺乳母猪料，催情的目的在于增加排卵数，约可增加 2 个卵。配种成功后，参考以上几点轮回饲养。

5. 妊娠期限饲和哺乳期提高采食量对母猪的好处

（1）**妊娠限饲的好处** ①提高胚胎存活率（早期）；②减少难产；③减少乳腺炎的发生；④增加哺乳期采食量；⑤减少母猪哺乳期失重；⑥延长繁殖利用年限。

（2）**哺乳期提高采食量的好处** ①增加产奶量；②提高仔猪的生长速度；③减少仔猪死亡率；④减少母猪体重和背膘的损失；⑤缩短从断奶到再次配种的间隔时间；⑥提高下次排卵数。

（3）**提高哺乳母猪食量的技巧** ①产后 0～7 天，食量渐增，但不可增加太快。②产后 7 天起，喂饲次数提高至 3 次以上，餐数越多，食量越大。若喂 4 次，可选在早上 5：00、10：00，以及下午 4：00、8：00 等。③湿料可提升食量 15%～25%，但应注意避免水及料同时喂。若水太多，母猪只喝水，少吃料；干料先吃再加水，约 1：1（不要超过 1：2）；湿料没吃光、久置酸败或没清理均造成相反效果。④若因环境条件造成食欲下降，应尽快解决。防暑降温的措施有安装吊扇、纵向抽风、安装水帘、冲圈、中午冲凉等。⑤饮水量要充足，但水温太热或太冷均不适宜。⑥空槽多喂，满槽少喂，保持食欲。⑦食量不能满足所需，且无法提高时，应调节饲料配方的营养浓度，向日粮中添加鱼粉、脂肪。⑧每吨饲料添加小苏打 3～4kg，同时添加多维电解质。⑨哺乳母猪饲料的消化率要高。

6. 加鱼粉和加油投入与产出比的计算

原料价格以 2010 年 1 月天津市场价为基准。玉米 1.72 元/kg、豆粕 3.6 元/kg、鱼粉 12 元/kg、豆油 8 元/kg。鱼粉按 2.5% 添加，豆油按 1.5% 添加。计算如下：

（1）**投入** 一吨哺乳母猪料增加的费用：

（12-3.6）元×2.5%×1 000kg＋（8-1.72）元

×1.5%×1 000kg＝304.2 元

一吨哺乳母猪料大约可让 7 头哺乳母猪用一个月，每头哺乳

母猪每天消耗的饲料：1 000÷28÷7＝5.1kg

7头母猪按带 63 头仔猪计算。

（2）产出　按在母猪饲料中添加鱼粉和油脂饲料比未添加时所哺乳仔猪增重 0.2kg，并且 63 头中少死亡 1 头仔猪、未添加鱼粉和油脂时断奶体重为 8kg、断奶后仔猪价格为 20 元/kg 来计算：

63 头×0.2kg×20 元/kg（为所有仔猪多增重利润）＋1 头×8kg×20 元/头（为 7 窝断奶仔猪少死亡 1 头的利润）＝412 元

由以上计算可见，在 7 头母猪饲料中是否添加鱼粉和油脂的利润可相差 108 元。另外，可能出现的优点还有：①乳猪腹泻率下降 5%；②母猪基本不会营养负平衡，繁殖力会提升；③仔猪后期的长势会使肥猪提前一周出栏。

综上所述，在母猪上投入是最划算的，同时投入阶段要准确，只有这样才会有收获，这样乳猪才会有更好的基础。

三、乳猪初生重的重要性

仔猪初生重是成活率、日增重、达到标准出栏体重所需时间显著的影响因子。由表 1-2、表 1-3 可以看出，初生重对后期生长趋势的影响。

表 1-2　仔猪初生重对后期生长的影响

初生体重（kg）	肉猪在 100kg 体重时出栏所需时间（d）	初生体重（kg）	肉猪在 100kg 体重时出栏所需时间（d）
小于 1	170	1.6~1.8	149
1~1.2	161	1.9~2.1	144
1.3~1.5	154	大于 2.1	136

表 1-3　仔猪初生重对肉猪生产性能的影响

初生重（kg）	死亡率（%）	28 天体重（kg）	28 天日增重（g）	20~100kg 日增重（g）
0.4~0.7	100~65	4.85		

（续）

初生重 （kg）	死亡率 （%）	28天体重 （kg）	28天日增重 （g）	20～100kg 日增重（g）
0.8	64	5.01	150	
0.9	49	5.45	162	
1.0	44	6.29	188	615
1.1	35	6.72	200	623
1.2	16	7.0	207	639
1.3	15	7.43	218	700
1.4	12	7.83	229	725
1.5	10	8.11	236	753

四、教槽保育生长最大化对后期生长的影响

教槽保育生长最大化对后期生长的影响见图 1-3。在仔猪的第 7～70 日龄可使用教槽保育料。教槽保育料通过科学合理的营养成分配比，使仔猪消化系统极大化地适应和利用非母乳源性营养，同时保证应有的生长率，有利于减轻（降低）断奶、换料造成的饲料不适。初生重 1.3～1.5kg 以上的乳猪，其断奶重也会大，腹泻率会大幅降低，死亡率也会降低。断奶后体重达到 8kg 以上的乳猪，如果加上一个好的保育料，60 天保育结束时体重就会在 23kg 以上，70 天时达到 30kg。如果有了这样的一个基础，肥育猪后期生长就会非常好。仔猪饲喂高品质的保育料到 70 天，对后期生长非常有利，能少生病，早出栏。

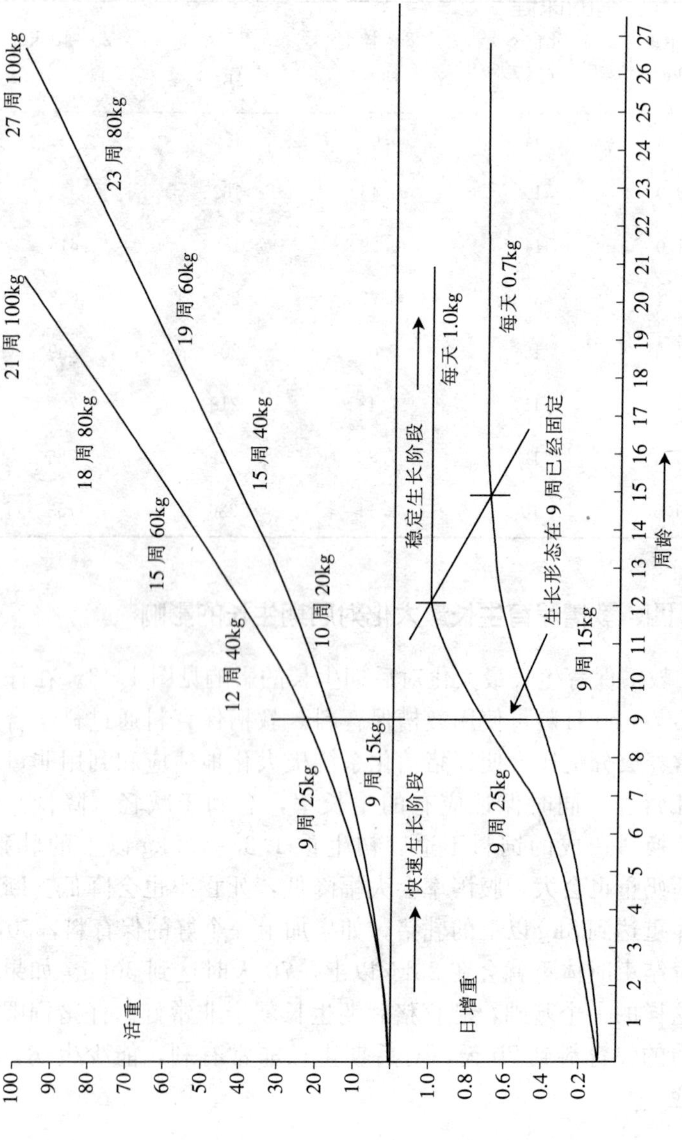

图 1-3 教槽保育生长最大化对后期生长的影响

五、猪的保健

1. 更新兽医防疫观念

猪场兽医防疫要从传统的"临床兽医学"（治疗型兽医）转化为"预防兽医学"（预防和保健型兽医），而且还要上升到"生产兽医学"（管理型兽医）。管理型兽医应熟悉并掌握场内猪群的群体免疫水平和健康情况，积极建立群防群治的管理体系，熟悉猪场生产流程，重视生产管理的每个细节。一旦发现猪病要及时作出正确的诊断，从猪场防疫的全局出发，果断做出处理意见。该淘汰的就淘汰，该治疗的就治疗。

2. 切实做好消毒工作

消毒工作应做到有效、彻底，避免流于形式。猪场应制订消毒计划和程序。选择可靠有效的消毒剂，空栏时反复消毒 3 次。同时应减少分娩舍和保育舍的喷雾带猪消毒。

3. 制订适合本场免疫接种程序，建立检测体系

根据当地实际和猪群健康情况，制订本场免疫计划和免疫程序。猪场应做好猪瘟、口蹄疫、乙脑、细小病毒病、伪狂犬病等疫病的免疫接种工作。一般应加强种猪的免疫接种，注重病毒性疫苗接种，减少细菌性菌苗接种。对有争议的疫苗（如蓝耳病活疫苗）应根据实际情况慎重考虑。另外，有条件的猪场应建立监测体系，根据抗体检测结果，每年调整免疫程序，做到有的放矢。

4. 加强药物保健工作

根据猪场猪群的健康情况和周围环境因素对猪群发生影响的可能，制订猪场药物保健计划。如在冬季寒冷季节或寒流来临前，在做好防冻保温的同时，依不同群体状况在饲料中加入经过加减变化的麻黄汤（散）。

第二节　猪的营养需求研究进展

一、净能体系

目前，在世界各国猪日粮的配制多数采用消化能体系，其次是代谢能体系。采用消化能或代谢能来配合日粮时，其日粮的净能值是不一致的。因此，采用不同能量系统时，饲料的等级就不相同。将一些常规饲料进行比较，结果表明，消化能体系和代谢能体系一般都高估了高蛋白和高纤维饲料的有效能量值，而低估了高淀粉或高脂肪饲料的有效能量值。其根本原因在于这两种能量体系既没有考虑过量蛋白的排出引起尿能形式的损失，也没有考虑体增热。例如，当饲喂纤维含量高的日粮时，相当一部分纤维在猪肠道内无法被消化，从而在其中发酵产生较高的体增热，而淀粉含量高的日粮在猪肠道内消化性好，产生的体增热就相对较少。净能与产品紧密联系，可根据生产需要直接估计饲料用量，或根据饲料用量直接估计产品量。随着配制日粮的复杂化和应用原料的广泛性发展，消化能和代谢能配制日粮方法的缺陷愈加明显。净能体系是唯一能使动物能量需要与日粮能量值在同一基础上得以表达并与所含饲料组成成分无关的体系。净能系统可提供最接近真实的、可为动物的维持和生产利用的能量值。因此，通过净能体系，人们在配方中通过平衡必需氨基酸的组成来降低粗蛋白质水平，能够产生最大经济和环境效益。

在猪生产中采用净能体系相对于消化能体系、代谢能体系具有独特优势。从实际应用来看，净能体系在预测生产性能和胴体品质上更具优越性。如果在平衡氨基酸水平配方的基础上再使用净能指标来优化日粮的能量水平，并使第一限制性氨基酸和粗蛋白质水平保持合适比例，同时确保饲养动物的营养需要量不受日采食量变化的影响，由此可以精确地满足猪的生长需要。

当前关于猪的净能体系研究还不系统化，尤其是净能体系在饲料配合和猪饲养过程中的应用遇到了诸多困难。其一，目前关于饲料成分的净能含量的数据还很缺乏，主要是由于对每种成分净能值的测定需要大量的猪和繁琐的劳动，而且单一成分的净能值无法直接测定。其二，每种营养成分的净能含量不仅只是由该种成分本身所决定，还受很多其他因素的影响，如猪种、生理阶段、能量消化率、体重及营养成分在猪体内的代谢去向等，而这些因素又难以预测和控制。其三，净能体系考虑了能量中的热增耗部分，不同营养成分的热增耗是不同的，而且热增耗是难以准确测定的，所以饲料营养成分的净能值也就难以确定。其四，饲料能量的利用率也受很多因素的影响，如猪的体重、猪的类型等。总之，要使净能体系在猪生产中得到广泛应用，还需要进一步改进饲料能值的测定方法和完善净能概念，使得净能体系的理论在猪生产实践中更加具有可操作性和指导性。

二、低蛋白平衡氨基酸日粮

低蛋白平衡氨基酸日粮的指导思想，即是营养学上常说的木桶原理。蛋白质是由氨基酸构成的，假设木桶的每块板是必需氨基酸的一种，决定木桶能装多少水的是木桶的短板，而不是长板。赖氨酸是猪的第一限制性氨基酸，即这里所说的最短的那块板，当将最短的那块板加长了后，常常忽视第二短的那块板、第三块板，等等。当考虑了这些的同时并按照理想蛋白质的模式加入人工合成的赖氨酸、蛋氨酸、苏氨酸、色氨酸等几种氨基酸后，氨基酸的整体利用率能大幅提高，这样既能降低蛋白质水平，又能达到同样的生长效果，而且成本相对更低，还有就是会降低猪只的代谢负荷，可以降低特别是乳仔猪的腹泻问题，降低猪舍内的氨气浓度，更环保。

猪的理想氨基酸比例模式：赖氨酸 100、蛋氨酸 30、苏氨酸 65、色氨酸 19、精氨酸 40、苯丙氨酸 50、亮氨酸 100、异亮氨酸 60、缬氨酸 68、组氨酸 32。

　　许多学者研究了使用合成氨基酸的节约蛋白质效应。以理想蛋白质氨基酸模式为标准衡量实际中使用的日粮发现，如果以玉米-豆粕为基础配制日粮，以满足 NRC（1998）猪对蛋白质的需要量，则日粮中的各必需氨基酸都存在不同程度的过量。只要向一般的玉米-豆粕型日粮添加合成赖氨酸，就可以将日粮的粗蛋白质水平降低 2 个百分点而不影响猪生产性能。降低日粮粗蛋白水平 2 个百分点相当于每吨饲料中节省 49.5kg 豆粕。如果可以同时添加合成的苏氨酸、蛋氨酸、色氨酸，使玉米-豆粕型日粮降低 4 个百分点是可能的。总结过去 20 年国外文献报道中观察到的合成氨基酸节约蛋白质的效应，这些文献表明，通过补充合成氨基酸可节约 2%～4% 的日粮蛋白质而不降低猪的日增重和饲料转化效率。10 年前市场上的乳猪颗粒料粗蛋白含量一般为 20%～21%，甚至有 22%～23% 的，赖氨酸水平一般在 1.2% 以下，但今天，在市场上看到的高档乳猪全价料蛋白含量为 18.5%～19.0%，赖氨酸达到了 1.4%，同时标注了蛋氨酸、苏氨酸、色氨酸的含量。

三、酶制剂的应用

1. 饲用酶制剂的分类

　　饲用酶制剂按照不同的标准有多种分类法。市场上的酶制剂按照其组成成分可分为复合酶制剂和单一酶制剂两大类，其中复合酶制剂是将两种或两种以上具有生物活性的消化酶混合而成的产品，是目前最常用的酶制剂饲料添加剂。按照饲用酶制剂功能可分为两大类。

　　（1）以降解多糖和生物大分子物质为主的酶　主要包括蛋白酶、脂肪酶、淀粉酶、糖化酶、纤维素酶、木聚糖酶、甘露聚糖酶。它们的主要功能是破坏植物细胞壁（植物细胞壁由蛋白质、脂肪、多聚糖氢键连接成网状结构），使细胞内容物充分释放出来。

（2）以降解植酸、β-葡聚糖、果胶等抗营养因子为主的酶 主要包括植酸酶、β-葡聚糖酶、果胶酶。它们能降解细胞壁木聚糖和细胞间质的果胶成分，提高饲料的利用率。

2. 酶制剂的作用机理

（1）弥补内源酶分泌的不足 幼龄单胃动物的淀粉酶、蛋白酶和脂肪酶分泌不足；断奶、转群等应激使内源酶的分泌大幅度下降；疾病影响内源酶的分泌。

（2）水解可溶性非淀粉多糖（SNSP） 消除 SNSP 对内源性消化酶的抑制作用，降低食糜黏度，促进养分的消化和吸收，破坏植物的细胞壁结构。

（3）改变部分养分（主要是 NSP）的消化部位 研究表明，添加酶制剂使能量的消化率 6％～10％转移到小肠。

（4）减少后肠有害微生物的数量 单胃动物在小肠前段不能分解日粮中的 NSP，进入后段为厌氧有害微生物的繁殖提供碳源，产生大量的生孢梭菌，并分泌毒素，抑制动物生长。

（5）提高动物体内代谢激素水平。

（6）增强机体免疫力 日粮中的蛋白质在酶制剂中蛋白酶的作用下可产生一些具有免疫活性的小肽，提高免疫力；NSP 酶可使日粮中的 NSP 降解成一些寡聚糖，有些寡聚糖可阻止病原菌在动物肠道后段定植，减轻病原菌对机体的毒害，同时也参与免疫调节。

3. 酶制剂的使用原则

乳猪、保育猪中主要加入蛋白酶、淀粉酶、脂肪酶等复合酶制剂，以补充内源酶的不足；中大猪以及母猪料中主要加入非淀粉多糖酶，主要破坏植物的细胞壁结构，消除抗营养因子；所有猪料中均加入植酸酶，分解植酸，减少磷源的用量。

四、几种有机微量元素的应用

目前市场上应用的主要有以下有机微量元素：

有机铜（氨基酸螯合铜）、有机铁（氨基酸螯合铁、富马酸亚铁）、有机锌（氨基酸螯合锌）、有机锰（氨基酸螯合锰）、有机硒（酵母硒）、有机铬（吡啶甲酸铬）。

目前，有机微量元素与无机微量元素之间的价格差异在几倍至十几倍之间，所以市场上有机微量元素主要应用在乳仔猪及母猪公猪上。一般作用来说：有机硒、有机锌、有机铁等提高乳仔猪提高生长性能；有机硒、有机铬提升母猪的繁殖性能；有机铁、有机锌减少母猪蹄病；而有机铜、铁、锰、锌、硒、铬对公猪精液品质的提高等方面的应用较多。但由于价格的原因，现一般有机微量元素往往取代无机元素 1/3 的用量。

五、加工工艺对消化率的影响

1. 传统工艺

传统工艺有：①先粉碎后配料工艺；②先配料后粉碎工艺；③蒸汽热制粒；④全价料为颗粒料。

2. 当前工艺

最近饲料工艺改变为：①先混合再挤压膨化；②先将原料膨化后再配料；③热制粒向冷制粒过渡；④人为控制向智能化控制转变；⑤高档全价料为粉料。

饲料工艺的进展始终是围绕如何提高饲料的消化利用价值和降低营养元素的损失来进行的，但它们也各有利弊。

（1）先混合再挤压膨化工艺　对能量及蛋白原料的熟化较好，饲料成型好，动物适口性好。但其对热敏性原料如维生素、氨基酸等致使成分也非常大。同时，此工艺对饲料厂设备要求较高，投入较大。

（2）先将原料膨化后再配料工艺　此工艺非常好的将能量饲料和蛋白饲料等需要提高消化率的原料提前进行熟化处理，热敏性原料一点也不受影响，虽然能量饲料和蛋白饲料中部分营养成分也损失了，但可以只考虑能量和蛋白质氨基酸部分，其他营养成分由其他原料提供。此工艺还有一个最大的好处就是可以实现膨化让一些厂家来做，饲料厂购进膨化原料即可，都可实现专业化生产的目的，还有利于降低成本。此工艺目前在市场上较多。

（3）**热制粒向冷制粒过渡** 以前通过蒸汽在高温高压下将淀粉等糊化，以提高饲料的利用率，虽说没有膨化时造成对热敏性原料 50% 以上损失，但也会有 20% 左右的损失，现做高档乳仔猪料的企业将乳猪颗粒料不加蒸汽，完全靠机械剪切力及摩擦产生热将能量及蛋白原料部分熟化，由于饲料在制粒机中停留的时间较短。因此，热敏性原料损失较小。同时由于饲料成型，部分熟化，这样它就占有了热制粒熟化和粉料营养损失小两者的平衡。

（4）**人为控制向智能化控制转变** 随着市场对饲料品质不断提高的要求和劳动力成本的上升，越来越多的饲料公司都采用智能化控制系统，对称量添加剂过程、投料过程、控制室微机控制等各个环节一起系统控制，最大限度的实现零错误和最少的劳动力。

（5）**高档教槽料为膨化粉料** 现在市场上乳猪教槽料有粉料及颗粒料之争，其实各有所长，颗粒料易于采食，但乳制品、糖类、脂肪等加入都受到限制（无法制粒），另外淀粉的糊化度不及膨化粉料，消化利用率不及粉料。粉料能做到营养最大化，一是能加入超过 10% 以上有乳制品，二是加工过程营养成分的零损失。但因淀粉充分膨化，猪只采食时黏嘴。另外，就是猪只采食过程中浪费较大。

六、后抗生素时代日粮

长期以来，抗生素作为生长促进剂应用于畜牧业取得了良好的效果，在动物饲养中曾发挥了巨大的作用，抗生素工业的兴起极大地促进了养殖业的发展。但是，大量的事实表明，抗生素的大量长期使用会造成有害菌种的耐药性及畜产品药物残留。人食入有抗生素残留的动物产品，身体健康受到伤害，过敏中毒反应等危害日益严重。抗生素的替代品的研究便成为动物营养研究中的一大热点。为解决抗生素添加剂应用中存在的问题，国内外学者进行了不懈的努力，研究出了许多可行的措施，主要包括有机酸、酶制剂、低聚糖类、植物提取物、微生态制剂等几种替代品。

1. 有机酸

大多数病原菌都不具有耐酸性，这就意味着使用日粮中有机酸使胃肠酸化，实际上可以阻止或转化细菌的生长，小肠内其他不溶解的有机酸则被细菌利用或杀死。混合有机酸比单一有机酸的效果显著。有机酸主要有柠檬酸、延胡索酸、乳酸、丙酸、苹果酸、甲酸、乙酸等及其盐类，使用最广泛且效果较好的是柠檬酸、延胡索酸。

多数研究者认为，在仔猪早期断奶（3～5周龄）后的头1～2周内饲粮酸化处理效果明显，其通常添加量为0.5%～3%，美国以2%～3%最好，欧洲则以1.5%～2%最佳。

2. 酶制剂

酶制剂能补充内源酶活性的不足，对于幼龄动物来说，存在消化道酶类不足、活性较低等缺点。添加酶制剂可有效地弥补酶不足和活性低带来的不利影响，降低或消除饲料中抗营养因子，还可降低消化道食糜黏度，增加肠壁的有效吸收面积，促进营养物质与消化道黏膜的接触及吸收率；酶制剂还可改变肠道菌群分布。国内外的研究者认为，饲料中添加酶制剂可明显地提高动物的日增重、饲料利用率及降低幼龄动物腹泻率和死亡率等。

3. 低聚糖类

寡糖具有促进机体肠道有益菌的生长繁殖，直接吸附病原菌，增强机体免疫力，改进动物健康状况等功效。

4. 植物提取物

一些草药的提取物具有抗菌和抗病毒的特性，而且调味剂具有抗菌和助消化的特性，其中在商业产品中最常见的提取物有肉桂、牛至和丁香，最新进行的研究表明，提取物和浓缩物很适合仔猪的生长。

5. 微生态制剂

微生态制剂主要使用的菌种有三类：乳酸菌类、芽孢菌类和真菌类，其中乳酸菌类被众多学者认为是最有前途的饲用抗生素替代品。但目前在我国用户对微生态制剂普遍存在信心不足的现象。究其原因，主要是前几年低质低效产品太多，目前市场上流通的产品也大都存在不耐热、易灭活、生物活性低的缺点，而且大部分乳酸菌都存在对不良环境抗性差的特点，所以开发高稳定性乳酸菌制剂是微生态制剂的必然发展方向。

第二章 与猪病相关的各亚群猪饲养管理要点

国内养殖数量上占绝对优势比例的生猪，均源于国外培育成熟后引进的品种，因为其遗传特性的要求，国内多借鉴"洋猪、洋料、洋管理"三洋模式进行生产管理，这是取得良好效益的捷径。引入猪群经风土驯化后，必然会不完全遵从国外在生产要求上的各项指标，在生产中也要根据国情而不会完全照搬国外的生产模式。在此，本章将对国内种猪群、仔猪群、生长肥育猪群的饲养管理技术要点进行阐述。

第一节 种猪群的饲养管理要点

种猪群分为种公猪和种母猪，饲养种猪是使种猪持续提供大量的断奶仔猪，进一步提供较多的商品肉猪，增加经济效益。

一、种公猪的饲养管理要点

种公猪是专门种用，与母猪配种繁殖或提供优质精液的公猪，有以下特点：①体型大，成年体重一般为300kg左右，要严格按其饲养标准饲喂，还要保持经常运动使其保持良好的体况。②青年猪性成熟较晚，过早使用会影响成年猪的种用价值。③生长发育快，饲料利用效率高。因此对饲料的营养水平和各种营养成分的比例要求标准高，稍有不慎就会出现营养缺乏症。④神经类型敏感，因而要求稳定优越的饲养管理条件。

1. 种公猪的饲养

种公猪与其他公畜比较，有精液量大、精子数目多、交配时间长等特点。因此，要消耗较多的营养物质。猪精液中的大部分物质是蛋白质，所以公猪特别需要氨基酸平衡的动物源性蛋白质。种公猪的饲料营养水平和饲喂量与其品种类型、体重大小、配种利用强度有关，配种期饲料的营养水平和饲喂量均高于非配种期。

种公猪饲料要严把原料或全价料的发霉变质关，要有良好的适口性，还要注意日粮的容积不能过大，防止公猪腹大影响配种。

2. 种公猪的管理

种公猪的日常管理应做好以下工作：①建立良好的生活制度。饲喂、配种、运动、刷试等各项作业应固定在每天的同一时间，利用条件反射养成规律性的生活习惯，便于管理操作。②加强种公猪的运动，可以促进食欲，避免肥胖，提高性欲和精液品质。③刷试和修蹄，保持清洁。④防寒防暑。公猪适宜温度为18～20℃。冬季猪舍应防寒保温，夏季高温时要防暑降温。高温对种公猪的影响尤为严重，轻者性欲降低，重者精液品质下降，影响配种效果。

3. 种公猪的利用

种公猪的利用要注意初配年龄和利用强度。适宜的强度为1～2岁的种公猪，每周配种或采精2～3次；2岁以上的种公猪，每天可配种1～2次，连用4～6天应休息一天；老龄公猪应及时淘汰。

二、空怀种母猪的饲养管理要点

1. 养好空怀母猪，促进发情排卵

对空怀母猪配种前的短期优饲能促进发情，容易受胎。断奶后继续饲喂哺乳料至配种当日，根据断奶母猪的膘情、体况，日饲喂量为 3～4kg。

空怀母猪的管理有单栏与群养两种。建议群饲空怀母猪，这样可以促进发情。刺激母猪发情可以采用以下方法：①公猪诱导法。②合群并圈。把发情与不发情猪混入一圈内，通过互相爬跨促进发情。③加强运动。④利用激素人工促进发情。如人绒毛膜激素、孕马血清 PMSG、氯前列烯醇 PG600 等；也可合用激素如 PMSG400IU＋CSFG200IU 催情。

2. 配种

空怀母猪的发情配种。母猪的发情期定义为从接受公猪爬跨开始到拒绝公猪爬跨为止。在发情旺期，即最佳配种时间用力按下发情母猪腰部，母猪会"刚性"不动。目前多采用一个发情期配种或输精二次的配种方案，这样会使母猪所排的卵子有较高受精的概率。

三、妊娠母猪的饲养要点

1. 妊娠母猪的营养需求要点

母猪的妊娠期为 110～117 天。根据不同时期的营养需要量可分为三阶段饲喂：

（1）配种当日至妊娠 21 天为妊娠前期。此阶段为胚胎着床期，生理过程不稳定，易引起流产。如果此阶段饲喂量过高造成代谢过于旺盛，不利于胚胎着床。配种当日即减少饲喂量且饲料品种改为妊娠母猪料（消化能 12 970kJ/kg，赖氨酸 0.55%）。日饲喂量：初产母猪 1.8～2kg，经产母猪 2～2.2kg。

（2）妊娠 22～93 天为妊娠中期。至妊娠 90 日龄肥猪体重仅有 550g 左右，仅为初生重的 39%。此期间母猪不需要加大饲喂量，如果盲目加大饲喂量，不但造成母猪过于肥胖容易发生难产，而且会降低母猪哺乳期的食欲，生成奶水不足，体况恶化，不利于下一次发情配种。日饲喂量：初产母猪 1.8～2kg/天，经产母猪 2～2.2kg/天。

（3）妊娠 94～110 天为妊娠后期。在此期间肥猪迅速生长，需要大量营养物质。因此，不但要加大饲喂量，还要改喂营养含量更高的哺乳母猪料（消化能 13 389kJ/kg，赖氨酸 0.9%）。初产母猪日饲喂量为 3kg，经产母猪依体况日饲喂 3～4kg。注意不要过于加大饲喂量，否则容易因胎儿过大造成难产、死产。

2. 妊娠母猪的饲养管理要点

妊娠母猪的饲养管理方式可分为小群饲养和单栏饲养。小群饲养的优点是可以自由运动，缺点是如分群不当，弱小母猪采食少，影响胎儿发育。单栏饲养虽吃食量均匀，没有互相碰撞，但由于不能自由运动，肢蹄病较多。日常管理中应保持圈舍清洁卫生，防寒防暑，通风良好。评估每头妊娠猪的体况，有针对性地对个别猪增加或减少饲喂量。

四、哺乳母猪的饲养管理要点

现代培育的母猪与 10 年前的母猪相比，体形更大、繁殖力更强，并且采食量更小。哺乳母猪，特别是初产母猪，损失过多的体重或体组织（蛋白质和脂肪），会延长发情间隔，断奶后 10 天内发情比例减少，并减少受胎率和胚胎存活率。哺乳期的饲料采食量对母猪以后的繁殖力有很明显的影响，如何让哺乳母猪吃下更多的饲料是哺乳母猪饲养的重要工作。

刚生产的母猪体力消耗大且处于高度疲劳状态，消化机能较弱，日采食量很低，甚至不吃，平均日采食量为 1～1.5kg，以后每天增加 1kg 饲喂量至其最大采食量。最大饲喂量以 N+1.5kg/天为宜（N 代表哺乳仔猪数，1.5kg 为基础代谢需求）。应供给高品质的泌乳期专用饲料（消化能 13 389kJ/kg，赖氨酸 0.9%），以确保乳水中营养丰富。为刺激采食量，每天应饲喂 4 次。

对哺乳母猪实行正确的管理，可保证母猪健康，对提高泌乳量很重要。应注意以下几点：

（1）哺乳母猪在 18℃时感觉舒适，采食量最大，而仔猪应达到 30～35℃适宜　因此，产房大环境温度与仔猪躺卧处温度要分别调控，目前多采用保育箱对仔猪进行保温。

（2）**保证充足的饮水**　母猪哺乳阶段需水量大，只有保证充足、清洁的饮水，才能有正常的泌乳量。

（3）保护好母猪的乳房和乳头 应在母猪断奶后到确定怀孕的期间内对其蹄部进行检查，修整、锯、剪掉长甲；生后的仔猪要及时剪牙；圈栏应平坦，产床要去掉突出的尖物，防止剐掉乳头。

（4）注意观察母猪日常行为、状态 要经常观察母猪吃食、粪便、精神状态，发现异常情况时要及时查找原因，以保持它们处于稳定的内、外环境中。

第二节　仔猪群的饲养管理要点

仔猪的培育包括哺乳仔猪、断奶仔猪两部分，全程约 70 天，目标体重 200kg。

一、哺乳期仔猪的补饲

正常仔猪 3～4 周龄之前的营养基本上来自母乳，所以母猪的饲养管理对于这个时期仔猪的增重和健康非常重要。全价营养的母猪饲料能帮助母猪应对各种环境应激，保证母猪的采食量可以使母猪分泌足够的奶水，以哺乳仔猪。

哺乳仔猪若在哺乳期内摄食足够的饲料，就可以充分锻炼仔猪胃肠功能，从而帮助仔猪平稳地渡过断奶应激关。补充教槽料的时间和断奶日龄相关联，最早的补料时间为生后 7 天，一般应为 14～21 天的某一天。把教槽料和水按 1∶2 的比例调成粥状放入开食盘中，饲喂次数从每天 1 次逐渐增加至每天 2～3 次，至全部仔猪每天每头至少采食 20～30g 教槽料；如果仔猪群认料差，需要人工向仔猪嘴中抹入教槽料，使其认识和适应饲料饲喂方式。

二、哺乳仔猪的管理

1. 让初生仔猪尽快吃足初乳

初乳中含有丰富营养物质和母源抗体，对初生仔猪有增强适应能力、促进排胎便、有利于消化道活动等作用。

2. 剪掉獠牙

仔猪上、下门齿和犬齿共 8 枚，俗称獠牙。哺乳时由于挣抢乳头而咬痛母猪或咬伤其他仔猪的颊部，造成母猪起卧不安，容易压死仔猪，所以要用锐利的钳子从根部切除这些牙齿。注意断面要剪平整。

3. 防寒保温

哺乳仔猪调节体温的能力差，怕冷。产房必须防寒保温。哺乳期适宜温度为 1～3 日龄 30～32℃；4～7 日龄 28～30℃；15～30 日龄 22～25℃。

4. 保持环境安静、清洁卫生，并防止母猪对仔猪的压踩。

三、断奶仔猪的饲养

断奶对于仔猪是一个严重的生理和心理应激过程。如果操作不当，奶膘会消耗，仔猪负增重，降低肥育期的生长速度，还会诱发各种疾病，如断奶仔猪多系统衰竭综合征。按目前的饲养管理水平，仔猪断奶应同时满足以下三个条件进行较经济：①仔猪日龄至少在 28 日。②仔猪体重至少达到 7～8kg。③确保每头仔猪在断奶前都已采食 200g 以上教槽料。

为了避免换料导致的肠道应激，应该继续给断奶后的仔猪提供已经熟悉的教槽料 10 天。在此期间饲喂方式由每天 3～4 次的粥状湿料逐渐过渡到自由采食干料。如此仔猪才能较安全地渡过断奶应激期，保住奶膘，为生长肥育期快速生长打下基础。

仔猪完成断奶过渡进入保育期，这时应给仔猪饲喂更为经济的保育料至保育期结束。

四、断奶仔猪的管理

仔猪断奶时将母猪调回空怀母猪舍，仔猪仍留在产房饲养一段时间且采取原圈培育，不分群、不并群，以减少对仔猪的应激，但要训练其定点排便的习惯。

为使仔猪尽快适应断奶后的生活，充分发挥其生长潜力，要创造良好的环境条件。环境温度应控制在 25℃左右，且环境应干燥，空气新鲜。

第三节　生长肥育猪的饲养管理要点

一、生长肥育猪的饲养

生长肥育期的猪随日龄和体重的增加，对饲料中某些营养成分的要求逐渐减少。按体重分为三个饲养阶段：第一阶段体重 20～50kg，为生长期（饲料消化能 13 180kJ/kg，赖氨酸 0.9%）；第二阶段 50～80kg，为肥育前期（饲料消化能 12 970kJ/kg，赖氨酸为 0.68%）；第三阶段体重 80kg 至出栏，为肥育后期（饲料消化能为 12 970kJ/kg，赖氨酸为 0.55%）。

在生长期让猪自由采食，以促进猪的生长发育。在肥育期为了降低料重比且防止出栏猪过肥，应限制饲喂量。50～80kg 猪日饲喂量 2.5kg，80kg 至出栏日饲喂量 3kg。

生长肥育期饲料的消耗占养猪全消耗的 68%。据统计，肥育期饲料的浪费占此阶段饲料消耗的 2%～15% 不等。减少饲料不必要的浪费是一项很重要的工作。①选择设计合理的料槽，用以减少饲料被拱出践踏，可明显减少浪费。②每天应空槽清理一次，时间 2～3h，不仅可以防止饲槽底发霉变质，还可以让猪珍惜采食时间，减少翻弄饲料的不良行为。③圈舍的设计应合理，缩短料槽与饮水器的距离，以减少饲料从猪嘴中的散落。

二、生长肥育猪的管理

为猪提供空间充足、湿度适宜、圈舍干燥、空气清新、阳光充足的环境，使其健康快速的生长。

推荐肥育猪的空间不少于 4m²/头，地面面积不少于 1.2～1.5 m²/头。不仅满足猪的福利需要，还可以减少呼吸道疾病的发生。

生长肥育猪的适宜温度为 15～20℃。太高或太低的温度均对其生长和健康不利。尤其当温度过低时（0～5℃），为维持体温猪会过量采食饲料，造成不必要的浪费；低温还会降低猪的抗病力，诱发各种疾病，造成巨大经济损失。此外，昼夜温差高于10℃，猪也会感觉不舒服，易引发疾病。

干燥的圈舍有利于提高猪的舒适度，还会降低肺炎和肠炎的发病率。

有害气体的威胁利诱可以干扰黏膜纤毛的清除机制和肺泡巨噬细胞的吞噬作用，诱发呼吸道疾病。加强通风换气可减少圈舍内二氧化碳、氨气和硫化氢等有害气体的浓度，大大减少呼吸道疾病的发生。

阳光是廉价的能源和消毒者。虽然充足的光照会刺激猪的兴奋度，增加饲料消耗，但光照会使猪舍迅速升温，减少寒冷冬季猪的冷应激。充足的光照会刺激非特异免疫的活力，增强猪的抗病力。阳光中的紫外线会杀灭猪舍中的各种病原体（有研究表明，8min 的光照即可杀灭全部伪狂犬病毒）。

日常管理中，每天下午添加饲料，根据前一天采食量控制每圈饲料的添加量，做到每天清槽一次。圈舍的清扫、清槽应安排在下午 1：00～3：00 进行。上午猪都处于睡眠状态，尽量不干扰它们。每天安排巡栏，检查内容包括舍温是否合理、空气是否清新、饮水器是否通畅、猪的行为状态是否正常、粪尿的形态是否正常、饲槽中饲料量的变化等，并依仔细检查的结果，对不妥之处及时做出相应的调整，对可能有疾病发生的猪只应及时引起注意，进行常规治疗或求助于兽医技术人员，怀疑有传染性疾病者应隔离观察、治疗，怀疑有重大疫情者应及时上报兽医主管部门。

第三章　临床常用于猪的
抗细菌性药物

国内养殖场用于治疗和诊断所使用的兽药，必须符合最新版本的《中华人民共和国兽药典》、《中华人民共和国兽药规范》、《兽药质量标准》、《兽用生物制品质量标准》、《进出口兽药质量标准》和《饲料药物添加剂使用规范》中的相关规定。规模化猪场，选择使用的药物应遵循《无公害食品　生猪饲养抗寄生虫药和抗菌药使用规定》。

国内养猪场使用最多、最频繁的药物当属以下五类：

（1）疫苗　我们建议养殖场要在疫苗的选择和使用中注意两点：一是要尽量选择正规、养殖业普遍反映使用效果好的疫苗；二是要根据本场实际情况和疫苗的种类特点，严格按说明进行使用。例如，弱毒疫苗尽量选择在母猪空怀期免疫、避免灭活疫苗注射量过大造成的注射部位无菌性脓肿等。

（2）抗致病微生物类药物　有抗病毒性药物、抗真菌性药物和抗细菌类药物。抗病毒性西药已在养殖业中禁用；使用量最大的是抗细菌类药物，药物种类繁多，同种有效成分含量各有不同，同样有效成分而商品名称五花八门，但万变不离其宗，使用时一定要以其中主要药效成分作为选择依据。这就要求养殖场技术人员要懂得兽医药理学知识，避免长期、超量添加抗生素带来的毒、副作用和过敏反应（如可以作为半抗原的青霉素），尤其是大范围中毒事件的发生。

（3）抗寄生虫类药物。

（4）消毒类药物。

（5）中兽药　以现代西医学观点对中药进行分析来验证中兽药中某些成分具有抗病毒、抗细菌、抗寄生虫、免疫调节等作用的研究很多，在此，要引用前卫生部部长张卫康的话来说明我们对中药药效作用的观点："包括针灸在内的中医药的现代化，也不应该仅仅是用西方现代医学理论来衡量、评价和代替自己，或简单地采用现代方法和语言重新进行描述，更重要的是应该重视对中医药传统的整体思维方法等内在固有规律的探索，从中医学术自身的理论特点和临床实践的感性认识入手，从理论研究和临床实践的紧密结合中解决新问题，发现新规律，以期实现高层次的继承，获得超越性的成果，从而更加有效地指导中医临床实践，真正促进中医学术的发展"。因此，以中兽医学进行动物疾病的防治，也必须以中兽医理论来指导中兽药的使用，达到"理、法、方、药"俱备，方能称得是中兽医学的诊疗方法，方能称得上中兽药，方能发挥中兽药应有的药效，才能更好地为养殖业服务。而临床中经常使用的某些植物中有效成分的提取物并不属于"中兽药"范畴，如黄芪多糖、金丝桃素等。

在此，只涉及抗细菌性药物的使用。

一、抗细菌性药物的种类

抗细菌性药物可分为抗生素和化学合成抗菌药。

抗生素原称抗菌素，是细菌、真菌、放线菌等微生物的代谢产物，能杀灭或抑制病原微生物（在临床范围内主要用于致病性细菌和真菌）。抗生素除能从微生物的培养液中提取外，随着化学合成的发展，现已有不少品种能人工合成或半合成。近来发现有些抗生素具有抗病毒、抗肿瘤、抗寄生虫作用。

应用于畜禽生产中的具有抗致病细菌作用的抗生素种类主要有：β-内酰胺类、氨基糖苷类、四环素类、氯霉素类、大环内酯类、林可胺类、多肽类及其他抗生素；应用于畜禽生产中的具有抗致病细菌作用的化学合成抗菌药种类主要有：磺胺类及其增效剂、喹诺酮类、喹噁啉类及其他类抗菌药。

在使用商品化药物时，要购买具有 GMP 标识的正规产品，仔细阅读产品说明，严格按照说明中的药物推荐使用剂量和途径等进行给药，以避免错误配伍用药和中毒等事件的发生。

现将畜禽生产中常用的抗细菌性药物分类及使用中应注意的原则分述如下：

1. β-内酰胺类

包括青霉素类的头孢菌素类。

（1）青霉素类　包括普鲁卡因青霉素、青霉素 G 钠、青霉素 G 钾、青霉素 V 钾、哌拉西林、苯唑青霉素（新青 II 号）、氯唑青霉素、氨苄青霉素、羟氨苄青霉素（阿莫西林）、羧苄青霉素、氧哌嗪青霉素、呋苄青霉素等。

（2）头孢菌素类　包括先锋霉素 VI、头孢克洛、头孢克肟、头孢哌酮、头孢呋辛、头孢曲松、头孢吡肟等。近年来又有较大发展，如单内酰环类、β-内酰酶抑制剂、甲氧青霉素类等。

2. 氨基糖苷类

包括链霉素、庆大霉素、卡那霉素、妥布霉素、丁胺卡那霉素、新霉素、大观霉素、小诺霉素、安普霉素、潮霉素、越霉素 A 等。

3. 四环素类

包括四环素、土霉素、金霉素、强力霉素（多西环素）、美它环素、米诺环素等。

4. 氯霉素类

包括氯霉素、甲砜霉素、氟甲砜霉素（氟苯尼考）等。氯霉素，及其盐、酯及制剂是食品动物禁用的兽药。

5. 林可胺类

包括林可霉素、克林霉素等。

6. 大环内酯类

包括红霉素、泰乐菌素、北里霉素（吉它霉素、柱晶白霉素）、琥乙罗红霉素、克拉霉素、阿奇霉素、乙酰螺旋霉素、麦迪霉素、交沙霉素、替米考星、竹桃霉素等。

7. 多肽类

包括杆菌素、多黏菌素 B、黏菌素 E、硫肽菌素、替考拉宁、万古霉素、杆菌肽、维吉尼霉素等。

8. 磺胺类

包括磺胺嘧啶（SD）、磺胺二甲嘧啶、磺胺六甲嘧啶、磺胺甲基异噁唑（SMZ）等；磺胺酯酰钠（SA）、三甲氧苄氨嘧啶（TMP）作用于肠道的磺胺脒（SG）及肽磺噻唑（PST）、磺胺甲氧吡嗪（SMPZ）、磺胺邻二甲氧嘧啶（SDM）、复方新诺明（SMZ＋TMP）、增效联磺（SD＋SMZ＋TMP）等。

9. 氟喹诺酮类

包括诺氟沙星、环丙沙星、诺美沙星、氟洛沙星、培氟沙星、妥舒沙星、氧氟沙星、依诺沙星、左旋氧氟沙星、加替沙星等。

此外，还有其他类抗菌性药物：截短侧耳素类，如泰妙菌素，即泰妙灵、支原净；利福霉素，即利福平；含磷多糖类，如黄霉素、大碳霉素、喹北霉素等，主要用于饲料添加剂；多烯类，如制霉菌素、两性霉素 B 等，主要用于致病真菌的治疗。

二、各类常用药物的配伍及禁忌

抗菌药物合理配伍，可达到协同或相加作用，从而增强疗效；配伍不当则可发生拮抗作用，使药物之间的相互作用抵消，疗效下降，甚至引起毒副反应。联合应用抗菌药物应掌握适应证，注意各个品种的针对性，争取协同联合，避免拮抗作用。现将常用药物的配伍原则简介如下：

1. β-内酰胺类

β-内酰胺类与β-内酰胺酶抑制剂，如克拉维酸（棒酸）、舒巴坦、他佐巴坦合用有较好的抑酶保护和协同增效作用，青霉素类和丙磺舒合用有协同作用。与氨基糖苷类呈协同作用，但剂量应基本平衡。例外的是治疗脑膜炎时，因青霉素不易透过血脑屏障而采用青霉素与磺胺嘧啶合用，但要分开注射，否则会发生理化性配伍禁忌。青霉素与维生素 C、碳酸氢钠等也不能同时使用，青霉素类不能与四环素类、氯霉素类、大环内酯类、磺胺类等抗菌药合用。

2. 氨基糖苷类

氨基糖苷类中青霉素与链霉素可增强本品的作用。如丁胺卡那霉素与 TMP 合用对革兰氏阳性杆菌有效；氨基糖苷类可与多黏菌素类合用，氨基糖苷类药物间不可联合应用，以免增强毒性，与碱性药物联合应用其抗菌效能可能增强，但毒性也会增大；链霉素与四环素合用，能增强对布鲁氏菌的治疗作用；链霉素与红霉素合用，对猪链球菌病有较好的疗效；链霉素与万古霉素（对肠球菌）或异烟肼（对结核杆菌）合用有协同作用；庆大霉素（或卡那霉素）可与喹诺酮药物合用，但不可与氯霉素类合用，链霉素与磺胺类药物配伍应用会发生水解失效；硫酸新霉素一般口服给药，与阿托品类药物应用于仔猪腹泻。

3. 四环素类

四环素类药物与本品同类药物及非同类药物如泰妙灵、泰乐菌素配伍用于胃肠道和呼吸道感染时有协同作用，可降低使用浓度，缩短治疗时间。四环素类与氯霉素类合用有较好的协同作用。土霉素不能与喹乙醇、北里霉素合用。

4. 大环内酯类

红霉素与磺胺二甲嘧啶（SM2）、磺胺嘧啶 SD）、磺胺间甲氧嘧啶（SMM）、TMP 的复方可用于治疗呼吸道病。红霉素与泰乐菌素或链霉素联用，可获得协同作用。北里霉素治疗时常与链霉素、氯霉素合用。泰乐菌素可与磺胺类合用，竹桃霉素可与四环素类药物配合应用。红霉素类不宜与 β-内酰胺类、林可霉素类、氯霉素类、四环素类联用。

5. 氯霉素类

氯霉素类与四环素类用于合并感染的呼吸道疾病具协同作用，与林可霉素、红霉素、链霉素、青霉素类、氟喹诺酮类具有拮抗作用。氯霉素类也不宜与磺胺类、氨茶碱等碱性药物配伍使用。

6. 喹诺酮类

氟喹诺酮类与杀菌药（青霉素类、喹氨基糖苷类）及 TMP 在治疗特定细菌感染方面有协同作用。氟喹诺酮类药物与四环素药物可配伍应用。氟喹诺酮类＋林可霉素可用于治疗支原体合并大肠杆菌感染或其他原因引起的呼吸道病继发肠道感染而导致严重的卵巢炎、输卵管炎及卵巢性腹膜炎。氟喹诺酮类药物可与磺胺类药物配伍应用，对大肠杆菌和金黄色葡萄球菌有相加作用。氟喹诺酮类不与利福平、氯霉素类、大环内酯类（如红霉素）、硝基呋喃类、氨茶碱、法华令合用。

7. 磺胺类

磺胺类药物与抗菌增效剂（TMP 或 DVD）合用有确定的协同作用。磺胺类药物应尽量避免与青霉素类药物同时使用，因为其可能干扰青霉素类的杀菌作用。液体剂型磺胺药不能与酸性药物如维生素 C、盐酸麻黄素、四环素、青霉素等合用，否则会析出沉淀；固体剂型磺胺药物与氯化钙、氯化铵合用会增加对泌尿系统的毒性，并忌与碳酸氢钠合用。

8. 林可胺类

林可霉素可与四环素或氟哌酸配合用于治疗合并感染，可与壮观霉素合用（利高霉素）治疗猪慢性呼吸道病，此外，还可与新霉素、恩诺沙星合用。

9. 杆菌肽锌

杆菌肽锌可与黏菌素（多黏菌素）、多黏菌素 B、链霉素及新霉素合用，禁止与土霉素、金霉素、北里霉素、恩拉霉素等配合使用。

10. 利福霉素

利福平可与两性霉素 B、链霉素、异烟肼及其他抗革兰氏阳性菌的药物如万古霉素、大环内酯类、β-内酰胺类配伍使用。

三、联合用药

一类：速效杀菌剂，如青霉素、头孢类。

二类：慢效杀菌剂，如氨基苷类。

三类：速效抑菌剂，如四环素类、氯霉素类、大环内酯类。

四类：慢效抑菌剂，如磺胺类。

第一、二类合并一般可获得增强作用，如青霉素、链霉素合用；第一、三类合用可能出现拮抗作用，如四环素＋青霉素 G；第一、四类合用可能无明显影响，但青霉素 G＋磺胺嘧啶可提高治疗脑膜炎的疗效；第二、三类合用可能有相加或增强作用。

四、药物使用的一般原则

1. 确切诊断，正确掌握适应证

诊断正确，了解药理；适时治疗，对症下药。

2. 剂量准确，疗程要足

剂量过小无效，过大有毒且增加费用；同一药物用于治疗的疾病不同，其用量亦不同；同一种药物不同的用药途径，其剂量亦不一样；疗程一般 3～5 天，但一些慢性病，如传染性鼻炎，疗程不宜少于 7 天，以防复发。

3. 饮水给药要考虑药物的溶解度和畜禽的饮水量及药物稳定性和水质

饮水给药浓度相当于拌料给药的一半；给药前适当断水，有利于提高效果；强力霉素在水中易破坏，应控水 2～3h，然后在

1～2h 内饮完。

4. 口服困难的应改为注射途径。

5. 拌料给药要采用逐级稀释法，以免拌药不均，发生中毒。

6. 首次用量可适当增加，随后几天用维持量。

7. 慎用毒性较大的药物。

8. 注意交替或间隔用药，避免耐药发生。

9. 根据药代动力学特征，决定上市前休药期，以免产生药残。

10. 根据药物半衰期，确定每天给药次数

半衰期长而毒副作用小的药物，如恩诺沙星，每天的量可一次投给；半衰期长而副作用大的药物，应按推荐的间隔给药，如每天1次或2次；半衰期短的药物，如阿莫西林，每天必须2～3次给药或者全天给药；不能长期使用一种药物，导致慢性蓄积中毒、菌群失调、耐药性产生及造成二重感染的可能。

11. 了解商品料中药物添加情况，防止重复用药，增加毒性。

12. 根据不同日龄的生理、生长发育特点及发病规律科学用药

怀孕猪慎用磺胺类、抗球虫药、甲砜霉素等影响胎儿和免疫的药物；妊娠期、哺乳期慎用四环素类、氨基糖苷类，因可通过胎盘、乳腺吸收而影响新生儿发育，甚至致畸。疾病发展过程中充分考虑肝、肾等各器官的功能状态，选择对这些器官毒副作用小的药物，如肾脏炎症时应不用氨基糖苷类药物、磺胺类、喹诺酮类等，可应用利巴韦林加阿莫西林等。

13. 根据不同季节合理用药

秋冬防感冒；夏季防肠道病、热应激；夏季饮水量大，饮水给药时要适当降低浓度；发生疾病后采食量小，拌料给药时要适当增加浓度。

14. 免疫期间要慎用一些有免疫抑制作用的药物

如磺胺药、四环素类药、甲砜霉素等。

15. 注意临床用药的个体差异性

幼年和老年动物的药酶活性低，应适当降低药量；雌性动物比雄性动物对药物敏感性高，在发情期、妊娠期、哺乳期慎用泻药、利尿药、子宫兴奋药等；同一种药物对不同的品种、年龄、性别、个体之间等可能产生过敏性。

16. 注意配伍与禁忌

如青霉素＋链霉素；多黏菌素＋杆菌肽锌；林可霉素＋壮观霉素等可增强疗效。而如杀菌药与抑菌药联合可产生拮抗，如红霉素＋四环素等，应先用杀菌药，再用抑菌药才不会拮抗。

17. 注意并发症，有混合感染时应联合用药

如治疗呼吸道病时，抗生素结合抗病毒药，效果更好；细菌性感染较重时可用地塞米松和抗菌素。

18. 不可忽视辅助药的作用

如发生呼吸道病时，要辅以平喘药、化痰药、止咳药；发生肾炎时，要辅以肾肿解毒药、抗脱水药、退烧药，才会取得好的效果。这也是复方制剂通常比单方好的原因。在使用磺胺药时，可与磺胺增效剂（TMP）4∶1或3∶1，同时多饮水及小苏打，以减少结晶，也可用两种以上磺胺配合使用，减少单一磺胺药量多时产生的结晶。

19. 把握时机，适时用药

早用药比晚用药好，如猪群发生副猪嗜血杆菌感染时，早用对该病原敏感的药物（如丁胺卡那霉素）可收到较好的效果，迟用则效果不好。

20. 不同给药途径，效果不一样

如对于全身感染，注射给药好于口服给药；肠道感染口服用药效果好。

五、猪场常用抗菌药物的使用方法

在对猪群疾病防治的用药过程中，不可避免地存在药物应使用的剂量问题，在现实养殖中，随意加大使用剂量、无目的性滥用抗生素的现象随处可见，弊端显而易见：

（1）耐药细菌的出现　这一后果的出现，在养殖场，可能导致疾病防治效果越来越差。当有大规模疫情发生时，面临无有效药物可供选择的尴尬局面；在公共卫生方面，可能导致人类某些疫病的失控。

（2）食品安全问题　滥用抗菌药物的结果，极有可能造成动物食品中的药物残留，必须执行国家有关法律法规中关于休药期的规定。

（3）养殖场大规模药物中毒事件的发生　这种滥用抗菌药物局面的改变，一方面有赖于执业兽医体制及其他有关法律法规的进一步实施与推行，另一方面有赖于养殖行业人员专业技术水平的提高和他们自觉遵守国家有关法律法规的意识。然而，在当前现实条件下，想让所有养殖业者以自己的知识水平来严格按照药代动力学原理使用抗菌药物不太现实，且兽药市场上流通的与这类药物有关的商品种类繁多，多为复方，其中的成分、比例、用途有时让养殖业者感到茫然。怎样才能更好地利用这些药物呢？在此，提供养殖者的一点建议是：使用国家认可的合格产品，使用前仔细阅读产品说明中关于使用范围、使用剂量、注意事项的内容并严格执行之。表3-1列出了猪病防治中经常使用的某些抗细菌及真菌性药物的推荐使用剂量和方法。

表3-1　抗细菌及真菌性药物的推荐使用剂量和方法

药物名称	给药途径	给药剂量（每千克体重）
注射用青霉素G（钠）钾	肌注	1万～1.5万 IU，1日2次
氨苄青霉素	内服	4～14mg，1日2次
	肌注	2～7mg，1日2次
羧苄青霉素	肌注	2～7mg，1日2次
头孢噻吩钠	肌注	10～20mg，1日3次

（续）

药物名称	给药途径	给药剂量（每千克体重）
头孢噻啶	肌注	10～20mg，1 日 3 次
红霉素	内服	20～40mg，1 日 2 次
	肌注或静注	1～3mg，1 日 2 次
北里霉素（吉它霉素、	内服	20～30mg
柱晶白霉素）	饲料添加	每吨饲料 80～330g
泰乐菌素	肌注	2～10mg，1 日 2 次
	内服	100～110mg，1 日 3 次
	饲料添加	每吨饲料混饲浓度 100～500g
替米考星	饲料添加	每吨饲料 200～400g
	皮下注射	10～20mg，1 日 1 次
盐酸林可霉素	内服	10～15mg，1 日 3 次
	肌注或静注	10mg/kg，1 日 2 次
氯林可霉素	内服或肌注	5～10mg，1 日 2 次
硫酸链霉素	肌注	10mg，1 日 2 次
	内服	0.5～1g，1 日 2 次
硫酸庆大霉素	肌注	1 万～1.5 万 IU，1 日 2 次
	内服	1～1.5mg，分 3～4 次
硫酸庆大—小诺霉素	肌注	1～2mg，1 日 2 次
硫酸卡那霉素	肌注	10～15mg，1 日 2 次
	内服	3～6mg，1 日 2 次
丁胺卡那霉素	肌注	5～7.5mg，1 日 3 次
安普霉素	饮水添加	每吨饲料 50～100g
	饲料添加	每吨饲料 80～100g
大观霉素	内服	20～40mg，1 日 2 次
硫酸多黏菌素 B	肌注	1 万 IU，1 日 2 次
	内服	2 000～4 000IU/kg，1 日 2 次

（续）

药物名称	给药途径	给药剂量（每千克体重）
硫酸多黏菌素 E	肌注	1 万 IU/kg，1 日 2 次
	内服	1.5 万 IU/kg，1 日 2 次
	乳腺炎时乳管内注入	1.5 万～5 万 IU/kg
四环素	饮水添加	每吨饲料 110～280g
	饲料添加	每吨饲料 200～500g
	静注	2.5～5mg，1 日 2 次
	内服	10～20mg，1 日 2 次
土霉素	饮水添加	每吨饲料 110～280g
	饲料添加	每吨饲料 200～500g
	肌注或静注	2.5～5mg，1 日 2 次
	内服	10～20mg，1 日 3 次
金霉素	内服	10～20mg，1 日 3 次
	饲料添加	每吨饲料 200～500g
延胡索酸泰妙菌素	饮水添加	每吨饲料 45～60g
	饲料添加	每吨饲料 40～100g
甲砜霉素	内服	10～20mg
氟苯尼考	内服	20mg
	肌注	20mg，2 天 1 次
诺氟沙星	内服	10～20mg，1 日 2 次
	肌注	10～20mg，1 日 2 次
恩诺沙星	内服	5～10mg，1 日 2 次
	肌注	2.5mg，1 日 2 次
环丙沙星	肌注	2.5～5mg，1 日 2 次
	静注	2mg，1 日 2 次
痢菌净	肌注	2.5～5mg，1 日 2 次
	饲料添加	每吨饲料 200g，连续使用 3 天以上

（续）

药物名称	给药途径	给药剂量（每千克体重）
喹乙醇	饲料添加	每吨饲料 50～100g
二甲硝咪唑	饲料添加	每吨饲料 200～500g
磺胺嘧啶	饲料添加	每吨饲料 70～100g，1 日 2 次
磺胺二甲嘧啶	饲料添加	每吨饲料 70～100g，1 日 1 次
磺胺甲基异噁唑	饲料添加	每吨饲料 25～250g，1 日 2 次
磺胺对甲氧嘧啶	饲料添加	每吨饲料 25～250g，1 日 2 次
磺胺间甲氧嘧啶	饲料添加	每吨饲料 250～250g，1 日 2 次
磺胺脒	饲料添加	每吨饲料 70～100g，1 日 2～3 次
三甲氧苄胺嘧啶	内服	10mg
复方磺胺嘧啶钠注射液	肌注或静注	20～25mg，1 日 1～2 次
复方磺胺对甲氧嘧啶注射液	肌注或静注	20～25mg，1 日 1～2 次
复方磺胺间甲氧嘧啶注射液	肌注或静注	20～25mg，1 日 1～2 次
呋喃妥因	内服	12～15mg，1 日 2～3 次
呋喃唑酮	内服	10～12mg，1 日 2 次
	饲料添加	每吨饲料 400～600g，连用不超过 3 天
制霉菌素	内服	50 万～100 万 IU，1 日 2 次
克霉唑	内服	1～1.5g，1 日 2 次
博落回	肌注	体重 10kg 以下猪 10～25mg/kg；体重 25～50kg 猪 25～50mg/kg；
牛至油	肌注	50～100mg
	饲料添加	预防量：1.25～1.75mg 治疗量：2.5～3.25mg

第四章　猪的疾病诊断

第一节　猪　瘟

　　猪瘟是由猪瘟病毒引起的猪的一种急性、热性、致死性的传染病。按病程可分为最急性、急性、亚急性、慢性型感染。按症状可分为经典型、神经型、繁殖障碍型、温和型、非典型感染。急性及亚急性病例表现为高热、全身组织器官弥漫性出血；亚急性病例脾脏边缘出现贫血性梗死灶；慢性病例以生产性能下降、回盲口出现大小不一的纽扣状溃疡为特征；非典型猪瘟是近年来新出现的类型，常见于预防接种不及时或免疫效果不好的猪群，只表现为在某一阶段的厌食、回盲口有层轮状浅表性溃疡；繁殖障碍型猪瘟可表现为母猪流产、死胎，所生仔猪长久黄色下痢、

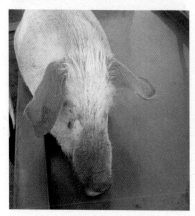

图4-1　慢性猪瘟患猪的头部外观变化
鼻吻、耳部发绀，脊背处皮肤有出血点

图4-2　慢性猪瘟眼结膜炎
眼内眦下部流出的白色脓性分泌物

先天性肌震颤等。本病常与寄生虫病、蓝耳病、霉菌感染及毒素中毒等疾病并发（图4-1至图4-13）。

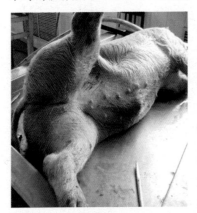

图4-3　慢性猪瘟的后躯外观变化
臀部、会阴部、腹部皮肤发绀

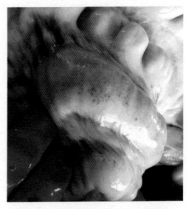

图4-4　亚急性猪瘟结肠病变
结肠浆膜面有新鲜的出血点、出血斑

图4-5　亚急性猪瘟患猪结盲肠病变
在结肠、盲肠的浆膜面有新鲜的出血点、出血斑

图4-6　慢性猪瘟盲肠病变
在盲肠黏膜表面有黄绿色、散在、如火山口样的、大小不一的圆形纽扣状溃疡灶

图4-7　慢性猪瘟结肠病变
在结肠的黏膜表面有大量散在的或融合性的、大小不一的圆形溃疡灶和糠麸样物质

图4-8　慢性猪瘟回盲口病变
在回盲口处有成片的、典型的同心圆形黑色纽扣状溃疡灶

图4-9　慢性猪瘟回盲口病变
在回盲口处可见典型的黑色、深凹入黏膜的纽扣状溃疡灶，同时有数个头部深嵌入黏膜下层的鞭虫

图4-10　亚急性猪瘟脾脏病变
在脾头边缘有2个贫血性锲状梗死灶

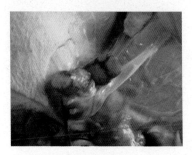

图4-11　急性猪瘟淋巴结病变
腹股沟淋巴结的出血性炎

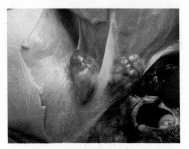

图4-12　急性猪瘟淋巴结病变
腹股沟淋巴结的慢性增生性炎

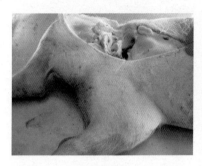

图 4-13 慢性猪瘟的皮下出血点
在腹部皮下可见黑红色、粟粒大小的
陈旧性出血点

图 4-14 慢性猪瘟的皮下出血点
在皮下可见毛囊处的红色出血点

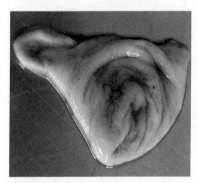

图 4-15 急性猪瘟膀胱病变
在膀胱黏膜表面散在分布针尖大小出
血点、出血斑

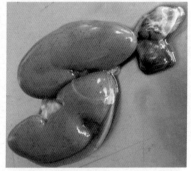

图 4-16 急性猪瘟肾脏、淋巴结病变
肾脏皮质表面、切面布满针尖大小出
血点；腹股沟淋巴结出血、肿大，切
面呈大理石样

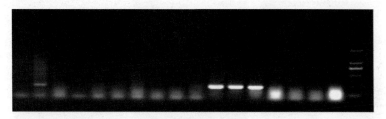

阴性 阳性 S1 S2 S3 S4 S5 S6 S7 S8 S9 S10 S11 S12 S13 S14 S15 M

图 4 - 17 猪瘟病毒 RT - PCR 结果

以猪瘟病毒 RT - PCR 检测试剂盒对 15 个被检样品进行检测,凝胶电泳的结果是:阳性对照出现 272bp 扩增带,阴性对照未出现扩增带,实验结果成立。被检样 S9、S10、S11 出现 272bp 扩增带,为阳性,指示被检样中含有猪瘟病毒核酸

第二节 猪繁殖与呼吸障碍综合征(PRRS)

猪繁殖与呼吸障碍综合征,又称为"蓝耳病"(图 4 - 18 至图 4 - 24)。是一种高度接触性传染病。本病以发热、厌食、神经症状、呼吸道症状和繁殖障碍为特征。母猪表现为乏情、返情、流产、死胎、木乃伊、产出无活力弱仔等,在特定条件下也会出现长时间发热。仔猪呼吸道困难且死亡率高。剖检可见肺水肿、小叶性坏死、出血和肺炎;肝脏弥漫性坏死或有散在灰白色坏死点;脾脏散在灰白色坏死点;肾脏散在针尖大小出血点;胃肠卡他性炎;淋巴结出血、肿大。该病毒传染性极强,受感染的猪场平均每年仔猪产量损失达 10%。各年龄和种类的猪均可感染,但以妊娠母猪和一月龄内的仔猪最易感。潜伏期仔猪为 2~4 天,怀孕母猪为 4~7 天。当发生高致病性猪繁殖与呼吸障碍综合征时,当按"高致病性蓝耳病防治技术规范"处置。

  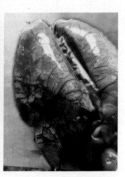

图 4-18　猪繁殖与呼吸障碍综合征患猪的外观　图 4-19　猪繁殖与呼吸
　　左：发病 5 天后的仔猪出现共济失调、后肢轻瘫等神 障碍综合征
　　　　经症状，耳尖发绀 患猪的肺脏病变
　　右：患猪眼睑水肿

间质性肺炎病变：间质增
宽，内有黄白色胶冻样物
质，被膜紧张，其下湿
润，隔叶腹侧面出现不规
则红色肝变区

图 4-20　猪繁殖与呼吸障碍综合征　图 4-21　猪繁殖与呼吸障碍综合征
　　　　患猪的肺脏病变 　　　　患猪的肺脏病变

肺脏外观呈大理石样，斑驳样的肺脏 肺脏的心叶、尖叶腹侧面的间质性肺炎
表面有粟粒大小的新鲜出血点，大小 融合成片，出现红色肝变区，有的病灶
不一的红色肝变区与白色凹出于肺脏 与周围组织有明显界限，有的病灶与周
表面的气肿区相间隔，红色肝变区有 围组织无明显界限呈浸润性分布
向周围组织及气肿区扩散的趋势

图 4 - 22　猪繁殖与呼吸障碍综合征
患仔猪的肾脏畸形
先天性感染猪繁殖与呼吸障碍综合征
病毒仔猪肾脏出现畸形沟回

图 4 - 23　猪繁殖与呼吸障碍综合征
患仔猪的肺脏
先天性感染猪繁殖与呼吸障碍综合征
病毒仔猪胸腔积有血色液体，肺脏表
面有纤维素性渗出

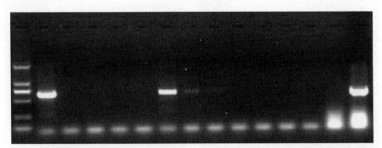

M　阳性　阴性　S1　S2　S3　S4　S5　S6　S7　S8　S9　S10　S11　S12

图 4 - 24　猪繁殖与呼吸障碍综合征病毒 RT - PCR 结果
　　以猪繁殖与呼吸障碍综合征病毒 RT - PCR 检测试剂盒对 12 个被检样品进
行检测，结果是：阳性对照出现 660bp 扩增带，阴性对照未出现扩增带，实验
结果成立。被检样 S4、S5、S6、S12 出现 660bp 扩增带，为阳性，指示被检样
中含有猪繁殖与呼吸障碍综合征病毒核酸

第三节 猪口蹄疫

口蹄疫是口蹄疫病毒引起偶蹄兽的一种急性、热性、高度接触性传染病。本病传播速度快、流行范围广，成年动物的口腔黏膜、蹄部和乳房等处皮肤发生水疱和溃疡，幼龄动物多因心肌受损而出现高死亡率。以疫苗免疫为主的综合生物安全防范措施能有效保护猪群。应注意与水疱病、水疱性疹、水疱性口炎相鉴别。怀疑有该病发生时，必须立即上报疫情，确切诊断，按国家相关动物防治法规进行处置（图4-25至图4-29）。

 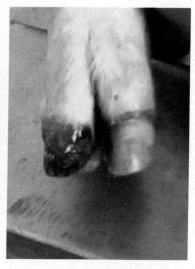

图4-25 口蹄疫患猪的鼻吻病变
鼻吻出现水疱，破溃后出现圆形溃疡

图4-26 口蹄疫患猪的蹄部病变
蹄冠部皮肤水疱破溃后出血、糜烂

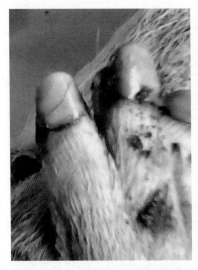 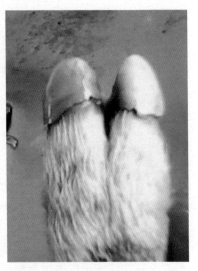

图 4-27　口蹄疫患猪的蹄部病变　　　　图 4-28　口蹄疫患猪的蹄部病变

病程后期蹄匣继发细菌感染，边缘呈黑色　病程后期蹄甲与真皮分离、蹄匣即将脱落

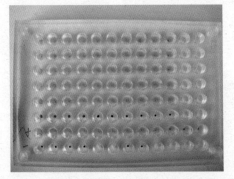

图 4-29　猪 O 型口蹄疫正向间接血凝抑制试验

　　第 7 排为阳性血清对照，在本排第 10 孔出现 25%～50% 的红细胞凝集；第 8 排前 4 孔为阴性血清对照，红细胞 100% 沉于底；第 8 排第 5、6 孔为空白对照；第 8 排第 7、8 孔分别为稀释液、抗原对照；1～5 排在第 7 孔或第 7 孔以上出现 25% 红细胞凝集，指示被检血清抗体合格（本试剂盒被检血清抗体在第 5 孔以上出现凝集者即为免疫抗体合格）或被检测猪处于野毒感染发病的中后期；第 6 排第 1、2 孔即出现 50% 红细胞沉淀，指示被检血清中的口蹄疫抗体水平低下

第四节　猪传染性胸膜肺炎和副猪嗜血杆菌感染

　　猪传染性胸膜肺炎和副猪嗜血杆菌病既可继发于猪瘟、蓝耳病、流感、霉菌感染及毒素中毒等疾病，又可单独致病。猪传染性胸膜肺炎是由胸膜肺炎放线杆菌引起的猪的一种高度接触性呼吸道传染病，现已发现 15 个血清型，可产生四种蛋白性细胞毒素，高毒力菌株致病时猪表现为高度呼吸困难、急性死亡；低毒力菌株表现为生长缓慢、饲料报酬下降。本病特征性病变为伴有胸膜炎的出血性、坏死性肺炎。副猪嗜血杆菌病由副猪嗜血杆菌引起，临床表现为体温升高、呼吸困难、关节肿胀，剖检可见典型的全身性纤维蛋白渗出为特征的多发性浆膜炎、关节炎等病变（图 4 - 30 至图 4 - 39）。

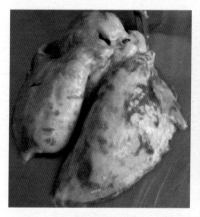

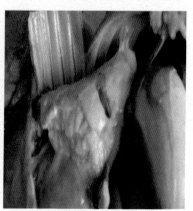

图 4 - 30　传染性胸膜肺炎猪的肺脏病变

肺脏表面及在其腹侧面的边缘也有大量白色"毛"样纤维素性物质存在

图 4 - 31　慢性传染性胸膜肺炎仔猪的肺脏病变

肺脏萎陷，撕拉取出肺脏时发现有丝状物导致肺脏与胸腔粘连

图4-32　副猪嗜血杆菌感染的
仔猪后肢病变

后肢关节肿大

图4-33　副猪嗜血杆菌感染
仔猪后肢病变

四肢关节肿胀，后肢关节被切开后发
现有大量白色水液的胶冻样物质存在
于关节部皮下及关节腔周围

图4-34　副猪嗜血杆菌感染的
仔猪关节病变

后肢肿胀的关节腔周围有大量白色胶
冻样物，腔内有无色分泌物存在

图4-35　副猪嗜血杆菌感染
仔猪的关节病变

被切开后关节腔内流出的红色、黏稠
的渗出物

图 4 - 36　副猪嗜血杆菌感染病
死猪的腹腔

仔猪体重 25kg，持续发热，体温 39.9～
41.8℃，使用头孢类药、磺胺六甲氧嘧
啶注射治疗无明显效果。剖检后发现患
猪呈全身性浆膜炎变化，胸腹腔的脏器
均外表粗糙、有长短不一的"白毛"样
纤维蛋白渗出物附着

图 4 - 37　副猪嗜血杆菌感染病
死猪的肺脏病变

肺脏与胸腔粘连，部分肺泡萎陷，撕
拉分离后发现肺脏心、尖、隔叶表面
有白色、不易剥离的纤维蛋白渗出物
附着，腹侧面有红色肝变区，切下后
病变部位可沉于清水中

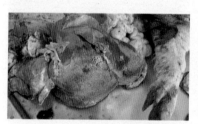

图 4 - 38　副猪嗜血杆菌感染病
死猪的肝脏病变

患猪肝脏表面也有一层不光滑的纤维
蛋白渗出物附着，附着物不易与实质
分离

图 4 - 39　副猪嗜血杆菌感染病
死猪的脾脏病变

患猪脾脏表面有一层不光滑的纤维蛋
白渗出物附着，附着物不易与实质分
离

第五节　仔猪副伤寒

　　仔猪副伤寒由沙门氏菌属的某些类型沙门氏菌（如猪霍乱沙门氏菌、猪伤寒沙门氏菌）引起，可分为急性败血型、亚急性型和慢性型。临床主要表现为体温升高，腹泻，鼻吻、四肢末梢、胸前、腹下皮肤、耳尖发绀等症状。典型慢性病例可见回肠、结肠、盲肠黏膜覆盖一层不易剥离的弥漫性坏死性糠麸样物质（图4-40、图4-41）。值得注意的是，近年本病发病率有上升的趋势。

图4-40　下痢型仔猪副伤寒病猪　　　图4-41　下痢型仔猪副伤寒病猪
　　　　　结肠黏膜病变　　　　　　　　　　　盲肠黏膜病变

患猪体温升高到40.6℃，拉黄色稀　患猪盲肠肠壁肥厚，黏膜有深凹或浅
便，耳、臀、四肢末梢发绀。结肠肠　表性溃疡灶，在溃疡灶表面附着有黄
壁肥厚，黏膜有深凹或浅表性溃疡　白色麸皮样渗出物，附着物或易剥离
灶，在溃疡灶表面附着有黄白色麸皮　或不易剥离，有的病灶已成融合性溃
样渗出物，附着物或易剥离或不易剥　疡
离，有的病灶已成融合性溃疡

第六节　水　肿　病

　　水肿病（ED）是由某种定植于小肠的致病性大肠杆菌引起

的传染性肠毒素血症，这种大肠杆菌能产生一种侵入血流并破坏血管壁的外毒素（水肿因子、类志贺毒素）（图4-42至图4-49）。因为胃黏膜下和结肠系膜的水肿是此病的主要特点，故将此病称为"水肿病"或"肠水肿"。主要的临床症状有眼睑水肿、腹泻、神经症状（转圈、四肢游泳样动作）、轻度瘙痒与皮下水肿、呼吸时的鼾声和叫声撕哑等。病理剖检变化主要有：①胃大弯处及肌层水肿；②肠系膜水肿；③肠肌层水肿；④腹腔浆膜的纤维素性渗出；⑤脑膜及下层水样浸润、水肿。通过免疫预防、药物预防、减少应激因素、降低各种原因导致的腹泻等措施，能有效防治本病。

图4-42 患水肿病猪的肠道系膜病变
未断奶仔猪，有腹泻症状，结肠系膜有透明胶冻样物存在，肠系膜淋巴结呈白色绳索样肿胀。自淋巴结中分离到溶血性大肠杆菌。提示水肿病可继发于其他原因而在断奶前发生，突破了水肿病在断奶仔猪群中发生的经典学说

图4-43 水肿病患猪腹腔变化
体重在80kg肥育猪突然死亡，剖检后发现腹腔表面附着大量白色纤维素性渗出物，并在腹腔中有约20ml的清亮渗出物存在。在肠道分离到大量呈 α-溶血性大肠杆菌

图 4-44 水肿病的仔猪肠淋巴结病变

30 日龄未断奶仔猪，肠系膜淋巴结呈白色绳索样肿胀，切开后发现皮质、髓质均呈奶样白色，自肠系膜淋巴结中分离到溶血性大肠杆菌

图 4-45 水肿病患猪肠系膜淋巴结

肠系膜淋巴结呈出血、呈绳索样肿胀，从其中分离到大量致病特性的大肠杆菌

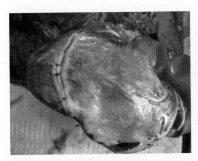

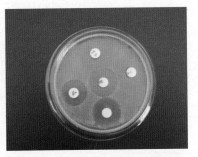

图 4-46 硒缺乏症继发水肿病
患猪心脏病变

长期使用缺乏硒、维生素 E 的劣质饲料导致心肌呈营养不良，心肌纤维呈弥漫性白色坏死，心尖因心室肥厚而呈钝圆。并因营养性缺乏继发水肿病

图 4-47 仔猪水肿病性大肠杆菌
药敏试验结果

在 M.H 培养基上，经 37℃、18h 培养后，可以看出分离到的致病性大肠杆菌对环丙沙星、庆大霉素、痢菌净敏感，对丁胺卡那霉素有耐药性

 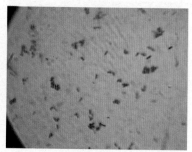

图 4-48　致水肿病大肠杆菌
纯培养的菌落

麦康凯培养基上生长呈圆润、光滑、
桃红色菌落（上方）；在绵羊血琼脂培
养基上生长呈圆润、光滑、乳白色、
不透明菌落（左下方）；在 SS 培养基
上生长呈圆润、光滑、粉红色菌落
（右下方）。从三种培养结果看出，分离
到的细菌具有大肠杆菌培养生长特征

图 4-49　致水肿病大肠杆菌的
显微照片

革兰氏染色液将大肠杆菌染成红色，
为革兰氏阴性菌；同时可见菌体两端
钝圆，呈 V 形或栅栏形排列。具有大
肠杆菌的显微形态特征（×1 000）

第七节　猪的增生性回肠炎

　　猪的增生性回肠炎由专性胞内寄生菌劳氏胞内菌感染猪肠道
上皮细胞引起。主要症状有血痢、稀便等，慢性病例在回肠、盲
肠黏膜发现有脑回样皱褶的典型病变，出血性病例应注意与猪螺
旋体性血痢、出血性沙门氏菌感染、霉菌毒素中毒等相鉴别。一
般情况下使用泰妙菌素、林可霉素等抗生素能有效防治该病（图
4-50、图 4-51）。

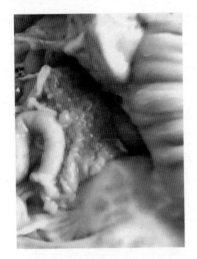 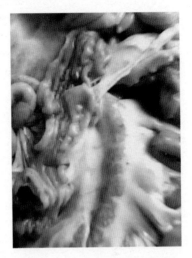

图 4-50　猪的增生性回肠炎
回肠黏膜增厚、隆起，呈脑回样皱
褶的病变

图 4-51　猪的增生性回肠炎
盲肠黏膜增厚、隆起，呈脑回样皱
褶的病变

第八节　猪的霉菌感染及毒素中毒

　　霉菌毒素是谷物或饲料中霉菌生长产生的次级代谢物，它们是
与各种植物和环境相关的应激反应或霉菌生长条件的改变产生的。
其中的毒物既包括了真菌自身产生的毒素，也包括了饲料或其原料
受真菌感染导致的变质、营养成分的改变，从而形成对健康有害的
物质。因饲料中霉菌毒素过高引起的猪的一系列病征称为猪的霉菌
毒素中毒。在发生霉菌毒素中毒时，有生活力的霉菌也侵入到动物
的机体内，参与了致病过程。因此，在临床上将该类综合征命名为
猪的"霉菌感染及毒素中毒"。致病性霉菌及其毒素种类繁多，靶器
官、靶细胞不同，致病特征表现多种多样，临床上需要仔细鉴别
（图 4-52～图 4-59）。当前国内多数学者认为霉菌毒素中毒是导致
猪病多发、免疫失败、发病后治愈率较低的元凶之一，养殖者应正

确看待此类疾病，采用完善的方案来解决猪群中的此类问题。

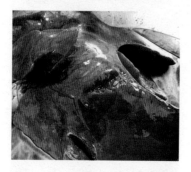
图4-52　猪霉菌毒素中毒病猪的
肺脏病变
肺脏腹侧面间质间隔变宽，内有黄白色
胶冻样物质，切面流出大量泡沫性液体

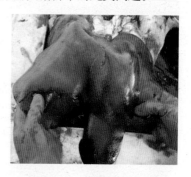
图4-53　肝的硬化与坏死
因饲料中黄曲霉毒素含量过高而导
致患猪肝脏质地变硬，有不规则大
片黄白色坏死区出现

图4-54　贲门的角质化与胃出血
在胃贲门部出现角质层样增生，与饲料颗粒过细
或曾发生应激有关，同时因霉菌毒素、菌群失调、
胃酸侵蚀多重作用导致胃底腺区黏膜出血

图4-55　霉菌毒素导致非典
型猪瘟的发生
因长期进食高含量霉菌毒素
的饲料致使机体免疫机能下
降，并最终导致非典型猪瘟
的发生：在回盲口处有数个
正在形成的出血性、浅表性、
轮状溃疡灶

图 4-56　发霉的玉米

在玉米粒的蜡质层表面、玉米芯、破损粒处有大量白色或灰绿色霉菌生长

图 4-57　发霉的玉米

在玉米粒、玉米芯、破损的玉米棒上有白色长毛样和暗绿色短毛样霉菌生长

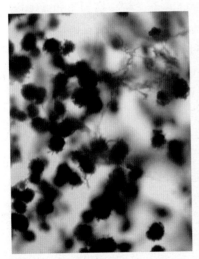

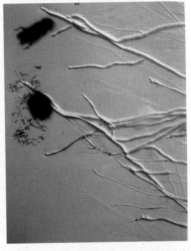

图 4-58　烟曲霉菌的显微照片

以沙堡氏培养基自怀疑有霉变的玉米粒中分离到的烟曲霉菌，可见不同层次的黑色绒球状孢子囊及菌丝体的立体结构（×400）

图 4-59　烟曲霉菌菌丝的显微照片

以沙堡氏培养基自怀疑有霉变的玉米粒中分离到的烟曲霉菌，可见其透明的逐级分枝的菌丝，在其顶端的生长的孢子囊破裂后孢子呈黑点状散落在四周（×400）

第九节　猪的附红体病

　　猪的附红体病是由猪附红细胞体（血原体、附红体）感染易感猪后，附着在血液中的红细胞表面，存在于血浆中或在骨髓中增殖而引起的一种传染性疾病（图 4 - 60 至图 4 - 67）。本病病原的分类地位未定，多数学者认为附红细胞体应属于柔膜体纲、支原体属，被称作嗜血性支原体（血原体）或支原体。但很显然，作为母血营养菌的附红体与一般意义上的支原体在病原学、致病性等方面有明显的差别，因此有人认为在其分类地位、致病性等方面有待进一步研究、确定。本病具有明显季节性，雨季降雨量明显增多、湿度变大，蚊、蝇等虫媒大量滋生的夏、秋季多发，但因持续性感染使冬、春季猪群中隐性感染的概率很大。本病可通过虫媒传播、连续注射等方式进行水平传播，也有垂直传播的可能。临床表现为少食，精神不振，体温 39～42℃，皮肤发红，在股内侧、头颈部、外阴等处有凸出体表的比黄豆稍大的丘疹，或有荨麻疹出现，耳廓有红白相间的类似大理石样纹理的红色淤血，数天后步态不稳，尿呈黄色或棕色，粪便干硬，哺乳母猪泌乳量下降。发病后期因不食或少食而有皮肤苍白等贫血症状，少见有黄疸者。剖检可见如下病理变化：①血凝良好，或血凝不良，或不凝血。②脾淤血，紫红色；肿或不肿；鞘动脉充血。③肾皮质：有凸出表面的圆形、绿豆粒大小的红色疹块。④膀胱黏膜有大范围成片的紫色出血，潴留的尿液中有血凝块。⑤黏膜及皮下脂肪时见有黄疸者。使用磺胺对（间）甲氧嘧啶、三氮脒、吖啶黄、新胂凡纳明或茵陈蒿散加减等能有效防治本病。

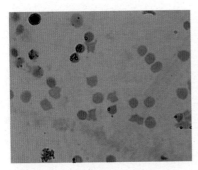

图4-60 猪附红体感染的血涂片
红细胞上附着大量豆点状附红体，血
浆中也可见到游离的附红体（姬姆萨
染色×1 000）

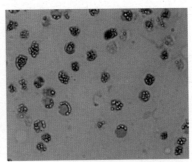

图4-61 猪附红体感染的血涂片
连续使用四环素类药物无明显药效的
病例，可见附红体附着在红细胞上，
呈环状或聚集状态（姬姆萨染色×
1 000）

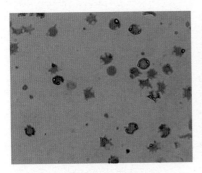

图4-62 猪附红体感染的血涂片
附着在红细胞上的附红体呈圆形、双
香蕉形或环状，同时可见红细胞变形
成星芒状、月牙形等（姬姆萨染色×
1 000）

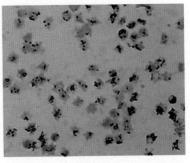

图4-63 猪附红体感染的血涂片
感染附红体死亡猪的血液涂片，红细
胞崩解、变形、聚集，大量附红体存
在于血液中，附着在红细胞上（姬姆
萨染色×1 000）

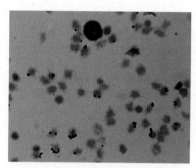

图 4-64　仔猪附红体感染的血涂片
附着在红细胞上的附红体呈点状、单香
蕉形或项链状，血浆中也有附红体存
在，同时可见红细胞变形成星芒状、月
芽形等（姬姆萨染色×1 000）

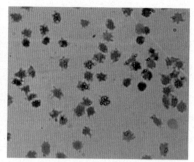

图 4-65　猪附红体感染的血涂片
附着在红细胞上的附红体呈豆点状、
双香蕉形或石榴状，同时可见红细胞
变形成星芒状、月牙形等（姬姆萨染
色×1 000）

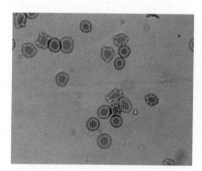

图 4-66　猪附红体感染的血涂片
使用抗附红体药物后病猪仍有低热、
厌食、贫血等症状。血涂片发现仍有
大量附红体附着在红细胞上，使红细
胞外观呈车轮状或变形成星芒状、月
牙形等（姬姆萨染色×1 000）

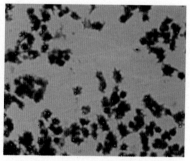

图 4-67　猪附红体有感染的血涂片
感染附红体死亡猪的血液涂片，红细
胞大量崩解、变形、聚集，大量不同
形态的附红体附着于红细胞碎片上
（姬姆萨染色×1 000）

第十节　葡萄球菌性皮炎

　　葡萄球菌性皮炎可由猪葡萄球菌生物型Ⅱ或金黄色葡萄球菌引起，这两者引起仔猪皮炎的原因和防治方案相同，只是在症状上稍有差异。前者引起的皮炎称为"仔猪性表皮炎"，又名"油猪病"、"砂锅病"、"油腻猪病"等，是由猪葡萄球菌入侵仔猪体表皮层后引起的以糠麸样表皮损伤、油脂性炎性渗出为特征的传染病；后者引起的皮炎不出现皮肤的大量渗出物，表现为干燥的糠麸样表皮损伤特征的传染病。不论何种病原，只要能产生、分泌表皮脱落毒素，在适当条件下就有可能造成皮炎的发生。以甘露醇生化试验或培养基能快速鉴别这两类细菌。葡萄球菌性皮炎应与锌缺乏症、癣病、玫瑰糠疹、猪疥癣及蠕形螨感染等相区别。使用抗革兰氏阳性菌的药物能有效治疗本病，但应注意耐药菌株抗药性的出现（图4-68至图4-71）。

图4-68　金黄色葡萄球菌皮炎患猪
全身皮肤出现干痂样渗出，体表污秽

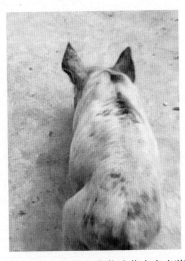

图4-69　金黄色葡萄球菌皮炎患猪
全身皮肤出现干痂样渗出，体表污秽

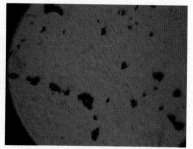

图 4-70　致仔猪皮炎金黄色
葡萄球菌的菌落

自患葡萄球性皮炎仔猪的皮下淡黄色
渗出物中分离到的金黄色葡萄球菌，
在绵羊血琼脂培养基上经 37℃、72h
培养后发现菌落圆润、光滑、不透
明，并有金黄色色素产生

图 4-71　致仔猪皮炎金黄色
葡萄球菌显微照片

金黄色葡萄球菌，经革兰氏染色，菌
体被染成蓝紫色，为革兰氏阳性菌；
同时可见典型的葡萄串样菌团，具有
葡萄球菌显微形态特征（×1 000）

第十一节　猪的传染性胃肠炎

猪的传染性胃肠炎由传染性胃肠炎病毒引起，在临床症状上无法与猪流行性腹泻区分。但两者的防治方案相似，可通过在流行季节来临前注射传染性胃肠炎-流行性腹泻二联苗进行免疫预防，在疫病流行时要进行封闭式饲养，以防止病原的传入。发病时要防止病猪急性脱水死亡（充足的口服补液盐饮水、阿托品或地芬诺酯等缓解肠道痉挛），并添加抗生素（如阿莫西林）防止继发感染（图 4-72 至图 4-75）。

图 4 - 72 传染性胃肠炎病死猪
外观消瘦，耳尖及四肢末梢发绀

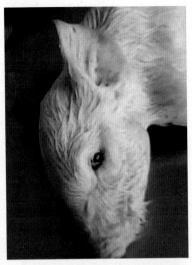

图 4 - 73 传染性胃肠炎病死猪
急性脱水导致眼球深度凹陷

图 4 - 74 传染性胃肠炎
病猪的空肠
从肠道外即可看出空肠肠
腔内充盈大量白色奶样液
体性物质

图 4 - 75 传染性胃肠炎病猪的肠道套叠
因患猪肠道剧烈的不规则蠕动（肠道痉挛）导致
十二指肠套叠的发生

第十二节　猪的线虫感染

感染猪最常见的两种线虫是猪蛔虫和猪鞭虫。

猪蛔虫幼虫在体内移行过程中可造成宿主（猪）肝脏出血、肺炎，并有可能引发某些传染病的发生。蛔虫成虫期会导致猪营养不良，数量多时会造成肠阻塞或肠破裂。在规模化猪场，搞好环境卫生、定期驱虫、及时清理粪便并集中发酵可有效防治猪蛔虫感染。

图4-76　猪蛔虫感染的仔猪

病猪明显消瘦，厌食，精神沉郁，便秘与腹泻交替，以头孢类抗生素、双黄连注射液等中药治疗无效，粪便中发现有猪蛔虫，剖检后发现大量蛔虫阻塞在小肠肠腔中

图4-77　猪蛔虫感染后的乳斑肝

肝脏表面显示蛔虫幼虫移行过程造成的组织损伤呈白色云雾状或斑点状（乳斑肝）

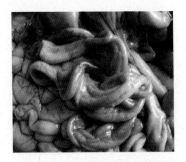

图 4-78　蛔虫感染猪的肠道外观
小肠外观成"拧麻花样"，隐约可见
阻塞其中的粗状虫体

图 4-79　猪蛔虫
从肠腔拉出后可辨认出粗长、中
后段呈黄白色的雌性虫体和短细、
红色的雄性虫体

　　猪鞭虫（猪毛首线虫）的严重感染，多见于以发酵床饲养的猪群。因为这种环境为虫卵的发育提供了适宜的条件，成虫布满盲肠黏膜造成严重的损伤，更可能造成其他疾病的继发（图 4-80、图 4-81）。

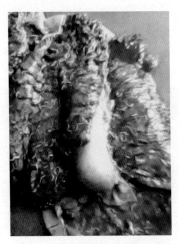

图 4-80　感染鞭虫仔猪的肠道
鞭虫布满整个结肠肠腔

图 4-81　感染鞭虫仔猪的肠道
以高压力水流冲刷不能使头部深入
肠道黏膜的鞭虫虫体与肠道分离

第十三节　黄　疸

黄疸是因胆色素代谢障碍或胆汁分泌及排出障碍，以致血清中胆红素含量升高，造成血浆、皮肤、黏膜、巩膜、骨膜、浆膜及实质器官染成黄色的一种病理过程。血清中的胆红素可分为两种：

（1）**间接胆红素**　未经肝脏处理的胆红素，又称血胆红素。

（2）**直接胆红素**　经肝脏处理，与葡萄糖醛酸结合的水溶性物质，又称肝胆红素。两者可通过血清胆红素定性试验进行区别。根据病因可分为溶血性、肝细胞性、阻塞性黄疸。常见的导致猪黄疸发生的主要原因有：①传染性因素，如附红体病等；②中毒性因素，如磺胺类药物过量、霉菌毒素中毒等。在临床中应注意黄疸与猪黄脂病区别，猪黄脂病是采食过量不饱和脂肪酸甘油酯或因生育酚含量不足导致的抗酸色素在脂肪组织中沉积，出现黄色脂肪性组织的一种疾病（图4-82至图4-85）。这种黄色组织俗称"黄膘"。

图4-82　猪的黄疸
可见胸、腹脂肪、浆膜、黏膜黄染

图4-83　猪的黄疸
可见皮下脂肪黄染

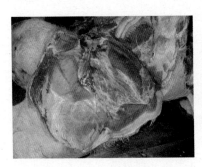

图 4-84 猪的黄疸
可见皮下、骨骼肌间脂肪黄染

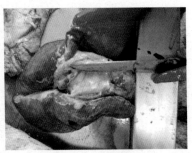

图 4-85 猪的黄疸
可见气管黏膜黄染

第十四节 膀胱结石

猪的尿石症是指猪尿路中有机盐或无机盐类的结晶凝结物刺激尿路黏膜而引起的出血、炎症和阻塞的一种泌尿器官疾病（图 4-86）。在日常的饲养管理、气候或疾病等各种外界因素影响下机体内环境发生相对变化，导致正常尿液中的溶解态盐类晶体及胶体物质的相对平衡被打破，盐类晶体的析出使形成尿石的核心物质不断生成，矿物质及保护性胶体物质（即尿石的实体）随之环绕凝结，周而复始，就形成了大小不一的尿石。中兽医认为尿石症属"淋浊"中的"砂石淋"范畴，是由热在后焦，各种病因导致的湿热蕴结，灼烁津液，尿液受其煎熬，日积月累，尿中杂质结为砂石。尿石是导致猪尿石症的物质基础。对猪尿石成分分析发现主要的结石有碳酸钙、磷酸钙、鸟粪石（六氢磷酸氨镁）等。

导致猪尿石症的原因很多，主要有：

（1）饲料配比不当 如钙磷比例不当、某些维生素（维生素

A 等）缺乏；维生素 D 过多；饲料中蛋白含量高、饲喂久置变质或劣质的饲料；长期以饲喂干料为主的猪群比饲喂湿料为主的猪群发病率明显提高；饮用水不佳、水质 pH 过高或过低、长期饮水不足或供水不足。

（2）**疾病原因**　肾脏或尿路感染如膀胱炎、肾盂肾炎；寄生虫感染，如有色冠尾线虫等；某些导致严重脱水的传染性疾病，如传染性胃肠炎、流行性腹泻等在康复过程中饮水不足；某些发热性疾病损及肾脏时，如急或慢性肺炎继发的肾炎等。

发病最初只见小便混浊，白如泔浆，排尿不见疼痛，此时的病情尚处于中兽医所谓的"浊症"期。有时不见以上症状便出现尿石症典型症状：排尿障碍，表现为排尿时淋漓不尽，尿色黄、短、赤，排尿时而中断，或呈努力排尿的拱背弯腰、后肢开张而又尿不出的姿势，有时可观察到患猪长期不排尿；结石性疼痛，表现为时而疼痛不安、时而拱背缩腹、时而发出痛苦的呻吟声，触诊相应的解剖部位可出现区域性疼痛反应；尿液的异常，这是一般情况下畜主最先发现的病情，病猪排出黄、淡红、略呈酱油色或有鲜红血液的尿液，此后，若血尿停止，病猪存活，则尿液中出现浓重的氨味，此时若接取尿液静置于平滑的器皿中，有时可在其底部发现如砂粒状的结石，或静置后手摸其底部有麻沙的感觉，因为结石划破尿路黏膜将导致炎性疼痛和继发感染；因尿闭引起的膀胱破裂会造成尿液流入腹腔，此时努责、疼痛等症状消失，预后不良。

防治方案是平时应给予足够的饮水；保证饲料质量及配比的合理性；在初建猪场时要注意对场址地下水的 pH、硬度等进行测试，以期选择合理的场地。

发病后可采取以下措施：查找并去除病因；给予足够的饮水；依发生尿石的原因对尿液进行酸化（如使用氯化氨）或碱化（如使用碳酸氢钠等）；对出血不止的病例给予安络血、止血敏；

对疼痛不安的病例给予镇定镇痛药物如安定或苯巴比妥等；用乌洛托品作为尿路的防腐药防止继发感染；用抗生素如恩诺沙星、氨苄青霉素和制霉菌素等，以防细菌及真菌的继发感染；中成药八正散、五淋散、二金排石汤、分清五淋丸等对该病都有很好的疗效。

图 4-86　猪膀胱结石

猪场选址时未考察今后所要使用的地下水源是否适于猪群饮用，高硬度的地下水导致猪群群体性尿结石症的发生。在病死猪膀胱内发现大量直径 1～3cm 的近于圆形的结石

第十五节　猪的肺气肿

肺气肿是肺泡腔永久性扩张并伴有肺泡破裂，引起呼吸困难为特征的疾病（图 4-87）。实际生产中猪的肺气肿多继发于其他疾病，如支气管炎导致的痉挛性咳嗽或传染性原因引起的肺扩张不全。因此，发现猪肺气肿病例，应及时查找原发性原因。

图 4-87　猪肺泡气肿

肺泡气肿，凸出于正常组织表面，手轻按有捻发音，
与肺背侧近正中线的弥漫性肺萎陷呈明显对比

第十六节　治疗不规范导致的
组织感染和坏死

当前，鉴于我国养猪业的复杂性，决定了仍有相当数量的猪
群不能接受正规、科学的疾病防治，不规范治疗现象普遍，原因
与以下存在的事实有关：

（1）养殖者随意使用药物，尤其是抗微生物类药物。

（2）兽医系统从事临床诊疗的兽医、相关企业（兽药厂、生
物制品厂、饲料厂、私人诊所）指导养殖者的技术人员合理使用
药物的水平有限，指导用药出现偏差。

（3）不具有兽医药理学知识的非法兽药销售人员盲目指导养
殖者用药。

（4）使用了假劣兽医。正是以上原因，可能导致因用药不当
造成严重经济损失，其后果可能是不能有控制病情、药物中毒、

注射部位感染及组织坏死等医疗事故的发生。尤其要注意的是注射不当对猪群的伤害，有时因此造成的伤害甚至比原发病对猪机体的伤害还要严重，例如养殖者水针给药多采用颈部肌内注射方式，注射部位微生物感染造成的蜂窝织炎、坏死组织崩解的有毒物质的吸收不仅会造成全身症状的出现，更会影响到注射部位附近的脊髓神经、消化腺（下颌腺等）、内分泌腺（甲状腺、甲状旁腺）、淋巴结等多种组织正常生理功能，因此造成的长时间不食、抵抗力下降、内分泌功能失调、发热、感染是猪群预后不良、死亡的更重要原因，而原发性疾病的致病作用可能已退居其次。随着国内执业兽医制度的推进，这类事故的发生率有望大幅下降（图4-88至图4-93）。

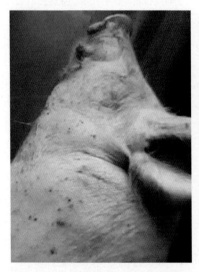 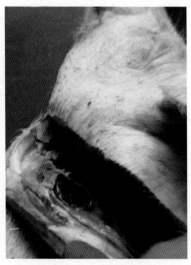

图4-88　长时间注射药物部位的外观
颈部注射部位发红、肿硬、凸出于皮肤表面，同时可见眼圈发青，眼睑、耳缘、鼻吻发绀

图4-89　注射部位的蜂窝织炎
剖开注射部位发现大片肌肉变性或坏死，外观呈绿色、黄色或暗褐色；有数处针孔形状的空洞，其周边组织呈环层状分布

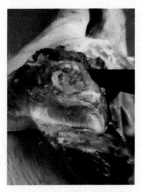

图 4-90　注射部位的坏死

剖开注射部位发现大片肌肉变性或坏死、外观呈黄色或暗褐色，有的部位干燥，有的部位有渗出液而湿润，残留药物、坏死组织、炎性渗出相间，使剖面呈多彩的外观

图 4-91　口服抗细菌药物造成的肠道出血

为预防疾病，在肥育猪全价饲料中同时加入过量洛美沙星和替米考星并全天使用，1 天后全群减料，4 天后有肠道出血病例的发生

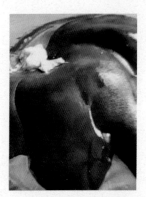

图 4-92　头孢类药物过量造成的肝脏损伤

连续 7 天、每天 2 次注射头孢噻呋钠后，患猪出现厌食、沉郁、四肢曲于腹下等症状，部检发现肝脏黄白色坏死弥漫性分布，使其外观呈花斑样

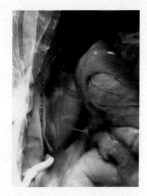

图 4-93　头孢类药物过量造成的腹水

注射头孢噻呋钠导致肝脏坏死、硬化后，门脉血液回流受阻，有血色腹水产生；同时可见肾脏肿大、外观呈暗黑色

□□□□□□□□□□□□□□□□□□□□□□□□□□□□□□□□□

下 篇

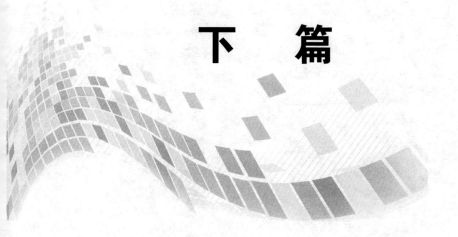

第五章　猪病防治概论

　　猪病的发生，涉及多方面因素，凡与养猪生产环节有关的因素都有可能造成疾病的发生，如遗传育种、饲养管理与营养水平、疫病的预防与控制等环节，它们决定着投资者能否获取更高的利润。在规模化猪场，因养殖的群体量大，某一环节的失误可能造成某一亚群猪全部发病。因此，会造成严重的经济损失。而我国幅员辽阔、气候不一、经济条件不同、猪的饲养方式各不相同、养殖环境各异、养殖者对养猪生产所抱态度与期望值不同、养殖人员的技术素质参差不齐、投资者对猪群的引入与饲料来源缺乏控制能力。例如，同样是某种品牌的饲料，也会因饲料厂家采购原料来源的差异造成不同批次、同一批次不同包装间的差异，鉴于大宗原料的不可控性，会造成同一品种全价饲料某些成分的千差万别。诸多因素，决定了不同猪群发病原因必定会有差别，例如，同样是猪瘟的发生，究其发病根源可能与免疫不到位、免疫程序不合理、各种原因造成免疫抑制导致免疫失败、疫苗选择不当等不同原因造成。因此，有经验的临床兽医人员经常会有这样一种感觉，给猪进行诊疗的同时更像是在作为一名心理医生对养殖者进行心理调治与指导。

　　现代规模化猪场的综合性疾病防治体系，是一个涉及多方面的、需要多种专业人才参与的、多项措施并用的综合防疫网络。这个网络体系包括隔离（场址选择、场内布局、全进全出生产系统、隔离设施、隔离制度）、消毒（物理消毒、生物消毒、化学消毒）、防杀内外寄生虫（蚊、蝇、螨、线虫等）、灭鼠、诊疗、免疫、药物预防等基本措施；人员配置要求既要有丰富经验的管理人员，又要有畜牧养殖经验丰富和兽医诊疗技术过硬的技术人员。其中兽医技术人员要有对群体治疗和个体治疗全方位把握的能力，要求他们不仅能对现代兽医学和传统兽医学甚至其他替代兽医学的全方位正确应用，还要具有与疾病相关的其他方面的知识，如养殖场的地理与气候特点、周围所处环境与人文特点、与疫病防控相关的法律法规知识、现代化养猪的模式、猪的营养需求特点等。

我国生猪饲养状况的复杂性决定了猪病防治过程的复杂性，例如，赵文在《医道灵源》中所讲："置身于错综复杂的人世，面对千奇百怪、万般变化的人间疾病，要作出准确判断，看透本质，辨明阴阳，进而正确选方配药，拨人疾苦而立竿见影，救人性命而少有谬误，确是很不简单的事"。而兽医的临床工作又何尝不是如此，面对猪群健康状态的调节与疾病防治的复杂性，并非所有专业技术人员都能胜任，唐代大医孙思邈先生在《大医精诚》中说："张湛曰：夫经方之难精，由来尚已。今病有内同而外异，亦有内异而外同，故五脏六腑之盈虚，血脉荣卫之通塞，固非耳目之所察，必先诊候以审之。而寸口关尺，有浮沉弦紧之乱；俞穴流注，有高下浅深之差；肌肤筋骨，有厚薄刚柔之异。唯用心精微者，始可与言于兹矣。今以至精至微之事，求之于至粗至浅之思，岂不殆哉？若盈而益之，虚而损之，通而彻之，塞而壅之，寒而冷之，热而温之，是重加其疾，而望其生，吾见其死矣。故医方卜筮，艺能之难精者也。既非神授，何以得其幽微？世有愚者，读方三年，便谓天下无病可治，及治病三年，乃知天下无方可用。故学者必须博极医源，精勤不倦，不得道听途说，而言医道已了，深自误哉！"。孙思邈先生寥寥数语，道出了疾病诊疗过程的复杂性：个人机体体质在脏腑、血脉荣卫、肌肤筋骨等方面的素质都是有所不同的，因此医生要根据患者个体实际情况诊治，依自己对疾病本质的理解，判断病情病势的发展，做出预后性结论。对那些有希望治愈的患者，要根据疾病发生发展规律，运用所掌握的理论知识，使用各种治疗方法，或治其标、或治其本，或标本兼治，只有这样，最终才有可能使机体阴阳趋于平衡，治愈疾病。由此可见，精细入微的为医之道。而自古以来，作为医生，艺业与才能是很难达到一定高度的，既然不是"神仙"传授得到的本领，怎样得到其中至幽至微的道理呢？只有"博极医源，精勤不倦"这一途径。人畜同理，猪病的诊疗又何尝不是如此，况且又是不能人言的"哑畜"，这就要求技术人员应不断进取，并将理论与临床实践科学地、合理地结合。因此，在猪病的防治过程中，要依据猪群的生理特点、环境变化、疾病流行的具体情况进行认真分析，提出科学的防治方案。关键是要做到不道听途说、人云亦云，不要在开个技术交流会回来后就照搬别场的做法、经验，可以先做个小范围的试验进行验证，有理性地、有选择地吸收适合于本场的技术，通过统计学原理验证这一做法是否会给本场带来潜在的效益，以避免可能的经济损失，俗话说"同样的养殖，不一样的回报"就是这个道理。在治疗疾病时，应该区分不同疾病、同一疾病不同猪群与病原斗争后的不同反应，认真分析病情，依病理推断的结果，因势利导地进行治疗，并且要不断跟踪回访实施治疗后病猪的反应，及时调整治疗方向，这就是"三分治，七分养"的道理。只有如此，才能使自己"艺业"不断提高，对病猪群合理防治的结果必然会取得更好的经济效益。

　　我们认为一名技术过硬的临床兽医应具备如下条件：①高尚的医德与对相关法律知识的透彻理解。②实事求是的作风。③敬业精神与对专业知识的孜孜以求。④扎实的理论基础能与具体实践相结合。例如，透彻理解兽医与畜牧理论并能在临床病例分析中加以灵活应用，以避免纸上谈兵；能将临床所见与实验室结果相结合以增加所处理病例的可信度；始终站在临床微生物与免疫学理论的前沿来看待病情的发生与发展；对与猪病防治有关的最新信息了如指掌；正确看待动物机体与致病微生物互作关系；丰富的猪场养殖与管理经验、熟悉养猪场的生产关键点与猪的习性特点；对具体养殖环境的全面把握等。⑤对社会与人性特点的敏锐洞察力。长期维持猪群正常生产需要强有力的支撑体系，这一体系的建立，是由社会上不同层次、不同专业的人员共同协作完成，不同人员怀着不同的心态、目的组成了一个有明确目标的团体，是要为了猪场取得更好的利润从而自己取得更好的收益而走到一起。如何掌握他们心中所想，激发他们更大的工作热情，提高他们的业务水平，最终使他们自觉地以场为家，为猪场贡献自己最大所能，以猪场声誉为自己的骄傲，这不仅是猪场管理者要考虑的，更是主管兽医工作的技术人员所应面对的课题。将人员管理与科学养殖技术相结合，需要长时间摸索、有选择地、科学地引入新的养殖理论与方法、持之以恒的精细化管理，最终形成具有自己猪场特色的、正规的养殖模式，否则猪群中的"定时炸弹"必定会在某个时间引爆。从以上要求技术人员所需掌握的知识点来看，与 2009 年后农业部在畜牧兽医体系中推广实施的"执业兽医资格"准入制度又有诸多相似之处。

能达到上述条件的兽医技术人员首先必然是要具备系统的兽医理论知识、丰富的养殖与临床经验，而在我国当前养殖情况下，又有多少养殖场的技术人员可以达到上述条件呢？养殖场是否有必要来达到以上条件来维持猪群正常运转呢？答案是"也不尽然"，它们完全可以通过以下理念来达到确保猪群稳定的目的：①相信真正的科学技术是解决猪场疾病的唯一手段并有意识地运用之。②标准化的饲养管理模式，不随意改变固有饲养管理与免疫模式。③对自己猪群疾病状态的明了与精细化防治。④与自己可以完全信赖的专业部门合作或聘请资深专业人员作为顾问以达到资源共享。如能做到以上四点，许多问题就会迎刃而解。

正是以上原因，使编者以国内猪病流行趋势、诊疗中关键点为重点编写内容，而略去了诊断思维方式的建立，不使用正统专业书中对疾病的常规描述模式（如"传染病学"中从"发病史-病原-流行病学-病理组织学-包括血清学和病原学在内的试验室检查-确诊所需证据-包括疫苗免疫在内的防治方案"为次序的编写模式），而对养猪生产中经常遇到的一些普遍问题以"专题"形式进行描述，力求使读者更易接受。

第六章　猪的高热性疾病的
发生原因

　　发热是恒温动物在致热原的作用下使体温调节中枢的调定点上移，将体温调节到高于正常的相应水平，它往往是体内疾病过程发展的"信号"。高级体温调节中枢在大脑视前区下丘脑部，次级体温调节中枢在脑干、脊髓中。发热通常不是独立的疾病，而是许多疾病尤其是传染病和炎性疾病中的重要病理过程，是一种常见的临床症状。在病理状态下，导致发热的物质分为外源性（如细菌内毒素、病毒等）和内生性（如肿瘤坏死因子、干扰素等）致热原，这些不同物质均可作用于脑部体温调节中枢，导致动物机体发热。高热型发热时比正常体温高 $3\sim4℃$，猪健康状态下直肠温度在 $38.5\sim39.2℃$。因此，凡在疾病状态下直肠温度达 $41.5℃$ 以上的病猪，均可认为发生了高热性疾病。这里需要指出的是，因剧烈运动的瞬间产热过多、甲状腺机能亢进、中暑时热能与环境交换失常等因素导致的机体"过热"不属于发热范畴。

　　2006 年夏至 2007 年年初，我国自南向北的一场猪的所谓"无名高热"席卷了众多猪场，最终导致全场清空的现象不在少数，期间被有关媒体、饲料与兽药销售人员、某些专家学者及兽医人员炒作得沸沸扬扬，也因此使身处其中的养殖者不知何去何从，恐慌的心理也让某些养殖者盲目地去听从、去防治，但最终的结果是某些兽药、疫苗销售者乃至不法猪贩获利颇丰，而部分猪场的猪仍被无奈地淘汰，甚至全军覆没。以后，类似情况在某些猪场或地区仍有所发生。在此，我们将结合猪"无名高热"，对猪"高热性疾病"的主要病因做出概述。

一、关于猪"无名高热综合征"的命名

所谓猪的"无名高热"，又被称为猪的"高热病"、"高热症"、"高热综合征"等。这一命名的由来，早已有之（例如在20世纪50—70年代，国内兽医界对某些猪瘟病例、弓形虫病病例的命名），而非近来国人的创举。以"无名高热症"对猪病大规模流行时进行命名的原因，我们认为应包含以下三点涵义：①所有猪群发病都有高热特征。②病因不明。尽管最可能是某些传染性致病因素在起作用，但当时仍不能确定由哪些确切种类的微生物致病，因为不明病因，在找到确切的病因之前，暂时称之为"无名高热症"。但应注意的是，"症"不是病，只是在疾病发生到某一阶段时所表现出的病情、病象。广义的症状还包括体征，是临床上用作诊断的重要依据。因此，对于"无名高热症"，绝不应该以某种死板的防治方案、或以单一的某种疫苗或复方药物解决问题，要依据猪群的具体病史或发病情况，找到最可能的致病因素，并以此来制定有针对性的防治措施。③并非一种独立的疾病，是多种病因（或病原）共同作用于猪只机体的结果或不同猪群病因不同。基于以上三点，既病因多样或不可确定，无以命名，以"无名高热综合征"进行命名的做法更恰当些，辞海中"征"的含义是"犹征候"，将要发生某种情况的迹象，疫情的发生，除高热这一症候外，还出现其他各系统的症候，如呼吸困难、消化道紊乱等，因为症候群即"综合征"，因此我们认为宏观上讲更合理的命名应是猪的"无名高热综合征"。但具体到某个发病猪群，就我们接触的病例而言，都可以找到确切的病因，从这一角度讲应以最可能的病因进行命名，如猪瘟（CSF）、蓝耳病（PRRS）、猪瘟合并附红体病等，这样既能给病猪群一个清晰的诊断结果，又便于对病猪进行有目的防治。

二、发病原因

疫病流行的原因，从最初来自南方盛传的所谓"非洲猪瘟"到后来专家学者的众说不一未知的新病毒、毒力增强的变异猪繁殖与呼吸障碍综合征病毒（蓝耳病病毒）、流感病毒（SIFV）、多病因老病新发的综合性因素等，已有不少研究论文，最终农业部发布了以"高致病性蓝耳病"为主要病因的防治规范。

在宏观上讲，我们赞同"多病因老病新发的综合性因素"的看法，但具体到某个猪场或猪群，却认为尽管中、后期大部分病猪为多病原混合感染，但在初期原发性病因只有 1～3 种，这些病因因猪群或猪场不同而异，理由如下：自 1996～1997 年我国血清学调查结果显示，当时 PRRSV 在我国猪群中的感染率已很高，从此许多猪场都进行了该病的防治，尽管其基因变异频率大，但由于猪群免疫或病毒持续性感染的结果，病毒毒力基因从飘移到飘变应是一渐近的过程，猪群与病毒间有一个相互适应的过程，毒力突然增强并造成如此严重疫情的可能性不大，且临床所见病例病因不完全符合疫情因 PRRSV 变异的说法。而因为 PRRSV 持续性感染造成猪群免疫抑制，导致疫苗免疫不合格，进而并发或继发别病，最终在极端外因条件下大规模发病的情况不在少数；不可否认，2006 年入秋后，因气温变化导致的猪流感病例有所增加，且有的出现典型的流感病毒感染病变，并与药物防治结果、实验室检测结果一致，但尽管我国猪群感染率较高，因发病后导致严重经济损失的只是部分病例，尤其在高温季节，造成大面积猪群发病的疫病流行特征不符合流感病毒的致病特性；如果是一种尚未发现新病毒致病，我们认为传遍整个猪群必然需要一定的时间。若病毒刚介入猪群，且致病力强，在猪群无特异性免疫力的情况下，就会像 2003 年"非典"病毒对人类的攻击一样，等待猪群的将是毁灭性的打击，无一幸免，但在临床上，有相当一部分猪群通过早期紧急防治被挽救了生命。由此看来，是新病毒导致疫病流行的说法并不科学。

对 71 个基础猪群在 20～500 间的猪场进行与"猪高热性疾病"相关因素的调查，调查包括横向调查与纵向调查。横向调查旨在找出发病猪群病因中的共性，并寻找它们与未发病猪群的差异；纵向调查是通过调查某个发病猪群既往发病史旨在找出以往发病的病因与现今病因的关系。结果发现被调查的猪场中共有 24 个未发病（占全部场的 33.8%），其他场则均有类似于"无名高热综合征"的病情出现（占全部场的 66.2%）。对各种因素汇总后得出发病场与未发病场间存在差别原因的结论：①未发病场自建场引入种猪开始，即执行科学、合理、有效的疾病防治方案；技术人员经验丰富、信息灵通、经常与业界人士沟通；对刚有疾病端倪的现象马上进行病因的查找和防治。②发病场均有既往发病史，在气候适宜条件下猪群处于亚健康状态下，大部分是在秋、冬、春季气温发生变化时明显发作（占发病场的 63.8%），大多与既往病史的病因一脉相承。其他场则是在发病前一段时间有过这样或那样的轻微疫情，但被忽视了。③发病场均可在发病后找到具体的病因。但病因各不相同。例如即使同是猪瘟，可能在不同防治环节上发生了失误，很少有不同场病因完全相同者。

由此看出，符合该综合征定义的猪群并非 2006 年夏季之后才有，以往也有之，只是流行范围较小而已。在此，我们就"猪高热性疾病"的主要病因分析如下：

1. 与气候的关系

"无名高热综合征"在南方肆虐期间，恰是南方多雨、潮湿的季节，蚊虫的大量孳生会使某些传染病（如猪瘟、附红体病、乙脑）更具传染性，饲料原料的霉变程度加剧使猪免疫力更加低下，加之生猪价格偏低、中暑等因素，在当时条件下能否保证猪群对现有疫苗产生强有力的免疫是个疑点。天气渐冷时，新收获玉米的高湿度加快了霉变过程，霉菌毒素由此而生。温度作为诱因让那些日常防病意识差的猪场弱点尽显，有的猪场开始对猪群进行淘汰。再以后病例的发生均在雨、雪、雾、风、降温后数天发生。于是我们就听到那些经验颇丰的场长们在叹息："现在的猪太娇气了，不好养了，放在10多年前，这猪躺在身边都是冰碴的泥里都不带得病的"。在此，我们必须以唯物的观点来看待疾病，举个理想状态下的例子：在一个封闭饲养的猪群中，没有猪瘟病毒的存在，那么这个猪群中的猪永远不可能有猪瘟的发生，其他疫病莫不如此。因此说，"现在的猪"与"过去的猪"在体质上的差别是："现在的猪"普遍处于某些疫病的隐性感染状态，或免疫水平低下而被自身内外环境中致病性因子攻击后导致发病的可能性比"过去的猪"更大些。鉴于多数养殖者在病初发现自己的猪群"得了感冒"，为此，我们仍是要看看辞海对感冒的解释：①因病毒引起的呼吸道疾病，包括"普通感冒"和"流行性感冒"。②中医学病名。多因气候变化，人体抵抗力减弱时感染时邪、病毒所致。有轻重之分，轻者称"伤风"，分风寒、风热两种……这里所指的病毒不仅仅是流感病毒，还可能包括其他能在上呼吸道生存的病毒，这些病毒具有较强的毒力和传染性。具体到猪群可能是猪瘟病毒（CSFV）、蓝耳病病毒（PRRSV）、伪狂犬病病毒（PRV）等，环境温度下降时，猪体外周黏膜血管收缩，导致呼吸道的黏膜免疫系统短时间内功能相对低下（如特异性免疫的 IgA 和杀伤性 T 细胞的减少；又如与非特异性免疫相关的溶菌酶、干扰素、补体、调理素、乳铁蛋白等防御因子的缺乏），从而使机体与微生物间的相对平衡被打破，致病性微生物大量增殖，患猪表现出可察觉的病症，这就是动物体对上述气候原因产生的反应。动物呼吸道是一开放性系统，会首先接触到空气中的传染性病原，病原通过气沫传播到易感猪，在扁桃体、上呼吸道组织定殖后大量繁殖，当病原体达到一定数量而黏膜免疫系统不足以清除之时，健康猪群被感染发病。试想：如果猪群正处于 CSFV、PRRSV 或其他病原的潜伏感染期，这些病原在上呼吸道大量增殖后，我们会观察到怎样的症状呢？当然是体温升高、流清涕、咳喘等上呼吸道感染的症状，而后表现出在猪群间的传染性。

2. 与行业变革的关系

（1）**当前养猪业的现状**　①我国辽阔的地域决定了养猪业的复杂性，国内种猪场林立，自国外盲目引种可能会带入新的病原；②出售的种猪质量参差不等，带毒种猪流入商品猪场的情况时有发生；③国内饲料供应水平差异大，有营养不均衡与原料质量问题，饲料源性疾病导致猪群免疫力下降的情况严重；④兽药与生物制品厂纷纷上马争夺市场，某些猪场所谓的"药物添加程序"及滥用抗生素导致的耐药性问题已很突出，尽管药敏结果表明某些分离到的病原菌几乎对所有种类的抗生素都产生了耐药性，但这种防治方法屡见不鲜，甚至出现严重的机体免疫抑制和中毒病例，这与临床上常见的需加大治疗剂量、使用抗生素无效而改用清热解毒类中药后疗效显著等现象一致；⑤各种因素导致的猪只免疫抑制；⑥仔猪先天性感染普遍存在。

（2）**畜牧兽医防疫体系与兽药市场间的矛盾**　正统的省、市、县、乡兽医防疫体系中，作为金字塔根基的乡级兽医站的经营与生存状况堪忧，多数乡站人才凋零，经营不善，少数站以技术促经营，赢得了市场。除防疫密度这一硬性指标外，免疫效果确实与否无人问津。除强制性免疫的疾病外，许多疫苗是否免疫、何时免疫畜主说了算，好像与所辖兽医无关；兽药市场的放开，使众多业内外人士涌入这一行列淘金，其中有一部分人员无临床兽医资格，但仍看病拿药，在他们销售网络中的猪群发生疫情后，因利润和竞争等原因可能会延误对疫情防控的最佳时机；兜售药品的假专家、假学者层出不穷。

（3）**猪群的免疫程序、疫苗使用失误**　具体到某个猪场，盲目使用疫苗、防疫不到位等因素将造成猪场的严重损失。

（4）**生猪价格因素**　生猪价格的起伏对养殖者养殖热情有影

响，自 2005 年 4 月到 10 月、2005 年 10 月到 2006 年 9 月生猪价格经历了 2 次连续下跌，2009 年 4 月到 10 月养猪处于微利时期，大多数养殖者为减少投入成本对饲料配方的调整、对兽药或疫苗的挑选可能使猪群处于一种亚健康状态，到秋、冬季来临时，以前饲养中弊端就马上暴露出来。

3. 病原

我们认为是以下 1～6 类病因在猪的"高热性疾病"中起主导作用，期间可能继发其他疾病，如细菌感染等；因第 7 类病因作为原发病而造成高热、严重损失的只是少数病例。

（1）猪瘟（CSF）　在国内，本病一直零星发生，但连续不断，自 2006 年 9 月份至 2007 年 2 月，发病猪群的病情更加严重、预后不良的病例显著增多，在某些地区，发生 CSF 猪群各群的发病率在 20%～100%，平均发病率为 51.6%；有 CSF 参与的其他疾病占全部病例的 39.5%，存在猪瘟病毒循环感染的猪群在 80.4%以上。农业部发布"猪瘟防治技术规范"，此后养殖场更加重视猪瘟的预防工作，有意识地清除导致免疫抑制的各种因素，而后自 2007 年 5 月到 2009 年 10 月，以 CSF 作为主要病因的高热性疾病好像销声匿迹了，但近来本病又有抬头的趋势，究其原因与盲目引入带毒种猪、注射到猪体内的疫苗质量出现问题、其他原因造成的免疫抑制有关。对 41 个规模化猪场仔猪大量死亡原因进行调查的结果，与猪瘟病毒感染有关而导致发病的因素占 12.1%，致病过程中有猪瘟参与的占 21.9%，而妊娠母猪带毒综合征是猪瘟病毒得以在猪场持续存在的一个关键原因。导致猪瘟发生的原因主要有：免疫抑制、注射到猪体内的疫苗质量问题、部分猪场牛黏膜腹泻病毒的污染、免疫错误、不按疫苗操作规程进行免疫、冬春季节气温下降后大气中紫外线对病毒的灭活作用差、封圈后舍内空气质量不佳、猪群在环境温度下降时抵抗力随之下降、去势感染、盲目购猪、寄生虫感染、并发或继发于其他疾病、饲料与饲料转换、畜主防疫意识、不注重平时的消毒措施、消毒不到位、生猪价格变动、跨行老板的出现或近年来新建的猪场等。这里值得一提的是，有的猪场实行在春、秋两季全群集中免疫 CSF 的"一刀切"免疫方式，尽管有学者经试验认为"C株"弱毒株疫苗安全，不具有潜在危害，但在现实养猪生产中的猪群不同于试验用猪群，隐性感染或免疫抑制都会造成弱毒株疫苗毒力相对增强，经胎盘感染仔猪、注射疫苗后母猪出现"疫苗病"的案例很多。可以说，这种方案实质上不是精细化管理的"懒汉"做法。正确的做法是母猪孕前接种 CSF 疫苗，其他亚群免疫方案应根据生产状态来确定。

(2) **霉菌感染及毒素中毒（MITT）** 霉菌感染及毒素中毒为主要病因的疾病至少要占到 17.3%，事实上，猪群的发病率比这个数据可能更高，我们甚至认为国内不被饲料发霉所困扰的猪场只是少数。但大多数畜主没有意识到所养的猪不是没有疾病而是处于亚健康状态、或被别的疾病掩盖而忽视了这一更为重要的原发性因素。MITT 的发生原因至少有 28 种，最主要的是以下四类原因：①玉米及其相关副产品霉变；②以泔水或泔水加料精方式饲喂猪；③干料槽方式饲喂的后果；④质量低劣的饲料或原料来源（更为具体的原因详见"猪的霉菌感染及其毒素"一节）。

(3) **流感（SIF）** 猪流感病毒血清亚型较多（如 H_1N_1、H_1N_2、H_1N_7、H_5N_1、H_3N_2、H_3N_6、H_4N_6、H_9N_2 等），对猪群的感染率高，严重流行主要发生在冬、春寒冷季节，与保温不善有关。流行病学调查符合率高，传染性强，传播迅速，短时间（一般 2~4 天）内可传遍全场。剖检时可见典型流感病毒感染出现的病变——肺部腹侧大片与正常组织分界明显的红色肝变区，离心的肺组织匀浆上清液可凝集鸡红细胞。早期以金刚烷胺或金刚乙胺（此类药物现已禁用）配合其他药物效果明显。中、后期依不同症状以中药组方进行治疗可提高成活率。

(4) **繁殖与呼吸障碍综合征（PRRS）** 本病的发生原因主要与不对 PRRS 进行积极防治、盲目使用活疫苗、孕期盲目注射活毒疫苗、不强化疫苗免疫效果等有关，由此造成母猪孕后期高比例流产、仔猪因间质性肺炎而大规模死亡造成的损失让人痛心疾首（详细的内容见"猪繁殖与呼吸障碍综合征"一节）。

（5）气喘病（M. H）　气喘病的高感染率是我们在诊疗中必然要考虑的。许多猪呼吸道复合征的发生以 M. H 感染为先决条件，常伴有其他病原因子的感染。对母猪群进行免疫，定期使用支原净、替米考星、氟苯尼考等能有效控制该病的发病程度。

（6）附红体病　附红细胞体对猪只的严重感染，会造成机体免疫系统紊乱、功能低下。有的猪群在入冬蚊、蝇消失后血检附红体阳性率仍很高、感染程度仍很严重；有的猪场在夏季发生严重的附红体病后数月出现了其他疫病的流行，如 CSF、PRRS，这与附红体感染后造成的免疫应答低下有关。

（7）其他病原　包括伪狂犬病、弓形虫病及其他继发的细菌性疾病，如传染性胸膜肺炎、肺疫、萎缩性鼻炎、大肠杆菌感染、链球菌感染等。在此需要提醒读者的是：①2009 年夏季以来，仔猪副伤寒发病率有所上升，通过菌苗免疫和猪舍地面卫生的控制可以预防本病，发病后以可口服的氨基苷类抗生素治疗有效。②以终宿主"猫"作为经典传播途径的弓形虫病，在猪群中仍存在环境中鼠类带虫、针头连续注射、胎盘感染等其他传播方式导致的发病。最后，我们可以得出结论：养殖者应正视仔猪副伤寒和弓形虫病等疾病，在个别猪群中的发生也可引起猪群发生"高热性疾病"。

三、猪高热性疾病的基本防治策略

猪的高热性疾病病因复杂，各猪群发病的病因与程度各不相同。从这点上讲，猪的高热性疾病，往年并不少见，对于某些猪群，暴发这样的疫情好像是迟早要发生的事情，是多年来我国养猪业不加节制地迅猛发展后显露出的弱点，只是一个由量变到质变的事件，在此我们认为：猪高热性疾病往年有之，今年有之，全年有之，明年还会有之，只是流行面积问题。这是我国猪业现状显露出的弱点。不论怎样，为了使我国养猪业健康发展，从以下环节下手，层层把关，最终就完全有可能将这类疾病控制在最小范围：①细化养猪生产方案；②不盲目引猪；③培育低感染率后备猪；④降低饲料中霉菌毒素含量；⑤以猪瘟和猪繁殖和呼吸障碍综合征为主要疫病预防与控制方向。

第七章 猪的呼吸道病复合征

呼吸系统是疾病入侵机体的最重要的开放式门户，当病原体侵入呼吸道或环境恶劣时，都会导致呼吸系统的损伤。猪的呼吸道疾病在猪病中所占有比例很大，由于该系统疾病病原学复杂，涉及饲养管理、四季气候及至遗传等诸多诱因的影响，需要针对不同的病因运用不同的防治方法。因此，业界又将这类呼吸道的疾病称为"猪的呼吸系统综合征"（PRDC），又称为猪的"呼吸道混合感染"或"猪的呼吸道复合征"。鉴于该类疾病有逐年上升的趋势，养殖场应更加注重该综合征的防治。

一、与猪 PRDC 相关的因素

1. 猪呼吸系统清除异物的某些缺陷

猪的鼻吻很长，而现代养猪模式，主要以干料槽方式给予干料，尽管有各种方法设计了使饲料顺利下滑的装置，但在其采食过程中，不可避免地会以鼻吻去拱弄饲料，也就不可避免地吸入了饲料中可能存在的微生物及其毒素或粉尘。

猪的支气管，在尖叶、心叶分支与气管的纵轴成钝角，这样该部分清除、排出异物的能力就相对差些，我们在临床中发现有 86.4% 的 PRDC 病例在这一部分肺脏有典型的病变出现。因此，也有人认为该区（肺脏的前腹侧）的防御机能相对不健全。

再谈猪呼吸道的防御系统，上呼吸道的黏液中，除有如溶菌酶、干扰素、补体、调理素、乳铁蛋白等非特异性防御因子外，特异性免疫的抗体成分主要为分泌型抗体（SIgA），尽管 SIgA 可与病毒特异性结合起到抗病毒作用，但因不能结合补体，因此不能激活 C'3b 的调理作用，相对的抗菌能力就很差了。存在于呼吸道深部的抗体成分主要为 IgG，从而可使肺脏基本保持无菌。

2. 与日龄的关系　PRDC 的发生，主要集中在育肥猪阶段，但近 3 年来发现，基础猪群和仔猪在某些诱因下也可发生，表现出咳嗽、气喘等，仔猪群的呼吸困难与胎盘感染（如猪瘟病毒、伪狂犬病病毒、蓝耳病病毒等）有关。

3. 环境因素（或非传染性因素）

（1）**气候**　包括大气候和小气候。大气候是指如季节、气温、大风、大雪等气象条件。例如每年冬、春季节，空气干燥，气温下降到极度时，PRDC 的发病率明显升高。又如近年来在某些地区，每到秋季，降雨相对集中，容易使正在收获、贮存的玉米等谷物发生不同程度的霉变，霉菌感染及其毒素中毒的发生率可能会因此升高。小气候是指每个猪群所处的小环境，涉及养殖者对猪群照顾的程度，如冬季的保温措施、封圈与通风的协调、添加饲料的方式、附近是否有工厂的有害物（废水、灰尘、废气）、或长时的噪声等。又如猪群中是否存在严重寄生虫病循环（如线虫幼虫游走对肺部的损伤）。

（2）**温度与湿度**　仔猪的温度要求在 21~34℃、适宜育肥猪生长的温度为 14~26℃，湿度在 50%~70%。温度过低、昼夜温差太大容易发生感冒，湿度过高或过低都会使猪感觉难受。此外，湿度过低，更易使粉尘飞扬；湿度过高，则使细菌大量繁殖。偏离最适值越大，发生 PRDC 的概率就越高。

（3）**密度**　冬春季，养殖者考虑尽量降低成本，节约如煤炭等能源的使用，密度过小猪会感觉冷，加大密度则可使猪舍内温度上升，但封圈后空气中湿度也明显增大，空气污浊，为细菌的生长营造了良好的环境；加之通风不良，有害气体增多，则 PRDC 的发生几率大了。一般经济的做法，50~75kg 的猪，冬季可占空间为 1.0~1.2m²，夏季为 1.2~16 m²。这里所说的密度，不光是每一圈的密度，也要考虑每栋猪的密度。举个例子，冬季一栋育肥舍，售出了 60% 的猪，而后的 3~4 天内，因气温骤降，同舍的猪在其他条件不变的情况下发生了 PRDC。

（4）**饲料** 大多数的育肥猪群都在饲喂着粉料，与颗粒料相比，更容易造成空气中的粉尘，若在粉料中加入油脂，则猪舍内的尘埃含量会明显下降；贮存不当（雨淋）、长期堆放饲料或原料可导致霉变；粉料比颗粒料更易发生霉变；有时因为不经常清理槽底，湿度过大（夏季更显著）、长期有粪尿在槽底附近，从而饲料结块发霉，霉菌及其毒素含量过高。这类情况在 PRDC 中可占到 17%，若误诊延误病程，机体脏器发生不可逆变化，则预后不良，往往造成严重的经济损失。

（5）**尘埃与毒素** 直径 $3~5\mu m$ 以下的异物可通过细支气管-肺泡的接合处，引发接合处的炎症，$5\mu m$ 以上的异物则易导致气管-支气管的炎症。死亡细菌的毒素（尤其是可作用于体温调节中枢导致发热的革兰氏阴性菌脂多糖成分 LPS）、真菌的毒素会刺激肺组织分泌液体与其发生反应，使肺通气受阻，肺组织发生炎症性病理变化，机体因此得不到足够的氧气，反馈机制将使猪的呼吸代偿性加快、加深，从而出现相应的呼吸困难症状；有些霉菌毒素还会造成免疫抑制，如黄曲霉毒素、赭曲霉毒素。

（6）**贼风** 猪身水平的风速不应超过 0.3m/s，且尽量为匀速。若进风口位置不当、门窗关闭不严、移舍过程中的长时敞门等，均可产生贼风。即便在夏季，也应注意适宜的风速。

（7）**有害气体** 在寒冷季节保温的同时还要注意对有害气体的消除，达到保温与通风间矛盾的平衡。猪舍至少可产生氨气、硫化氢等 12 种以上的有害气体，以氨气和硫化氢为例，允许的临界值在 $10~30mg/m^3$，过多的有害气体（$50\ mg/m^3$ 以上时）在对呼吸道黏液-纤毛造成损伤的同时，还会对神经系统持续不良刺激。当每次巡视猪舍时，人闻到有刺鼻的异味（如氨气、尿素、硫化氢味等）时，应立即采取有效措施。

（8）**建筑设计不合理**　我国养猪业的现状，大多数是因陋就简、因地制宜，很少考虑诸如猪舍朝向对气流的影响（例如西北向排粪口的猪舍，冬季会有寒风吹入）、地面粗糙（腿部损伤感染后可导致细菌在肺部定居）、屋顶过高（会造成建筑材料和采暖成本浪费、保暖不良）、密闭过严、冬季湿度过大、采光性差、建筑材料的性能（夏季凉爽、冬季保暖的新型建材）等潜在的致病因素。设计经济、合理、科技含量高的猪舍，该病发病率相对很低。

（9）**应激或有其他疾病发生**　例如长途运输后导致的副猪嗜血杆菌和链球菌感染，时其他疾病发生时可能会并发或继发肺部的感染。

4. 传染性因素

传染性因素可分为原发性因子（钥匙病原）和继发性因子。

原发性因子感染猪只后，可通过以下三种途径致病：①钥匙病原造成免疫抑制。包括猪瘟病毒（CSFV）、伪狂犬病病毒（PRV）、蓝耳病病毒（PRRSV）、Ⅱ型圆环病毒感染（PCV-2）、肺炎支原体（M.H）等，主要是通过降低抗原递呈细胞（肺部抗原递呈细胞 APC 主要为肺巨噬细胞）对同时或后来入侵微生物的免疫应答能力。M.H 还可因在气管纤毛中增殖而使纤毛变短，从而感染的纤毛排出异物能力变差。此外，需要注意的是先天性感染因素，例如 CSFV、PRV、PRRSV 等造成的繁殖障碍性疾病，会导致生后持续感染和先天性免疫抑制。②钥匙病原通过导致宿主机体机能消耗或呼吸系统正常结构受损，使条件性致病因子有机可乘。包括肺炎支原体、流感病毒、冠状病毒、萎缩性鼻炎、寄生虫、真菌及其毒素等。③不当的免疫。例如，质量低劣的疫苗或菌苗、超量注射、针头污染等。

继发性因子包括胸膜肺炎放线杆菌、副猪嗜血杆菌、多杀性巴氏杆菌、大肠杆菌、沙门氏菌、克雷伯氏菌、链球菌（主要为肺炎双球菌）、葡萄球菌、棒状杆菌、真菌或其他的常规上呼吸道共栖菌。继发性因子可继发于原发性因子，也可在非传染性因子作用下发病。

猪流感的严重流行主要发生在冬、春寒冷季节，流行病学调查符合率高，剖检时典型病变可见下侧肺部大片与正常组织分界明显的红色炎症区，离心的组织匀浆上清液可凝集鸡红细胞。早期以抗流感药物配合其他药物效果明显；在某个猪群中，PR、PRRS 的发生常与繁殖障碍性疾病相关联，对生后未吃初乳的仔猪进行血清学检测，抗体呈阳性反应。PRV 垂直感染的仔猪肾脏有针尖大小的出血点，部分仔猪肝脏上有粟粒大小的黄白色坏死点。PRRSV 垂直感染的仔猪会有清亮或稻草色或血色的胸水，同时肺间质增宽。这样因 PRV 或 PRRSV 感染的仔猪群在以后的生长过程中会有典型的 PRDC 出现，即使未注射过疫苗也可检测到较高的血清抗体，以 PCR（RT－PCR）技术可在送检猪肺脏病料中检测到病毒核酸，就是说 PRV 或 PRRSV 均有导致育肥猪群发生 PRDC 的可能；气喘病病猪长期咳嗽，腹式呼吸。剖检可见尖叶、心叶、部分副叶和膈叶的前部典型的虾肉样变，许多 PRDC 的发生是以 M.H 感染为先决条件的，常伴有其他病原因子的感染；我们也发现数例疑为蓝眼病（副黏病毒感染）的病例，均是在冬季产房温度过低的情况下发生，症状、大体剖检变化典型，因条件所限未进一步确诊；MITT 病例，剖检可见相应的病变（如肺脏间质增宽，内有胶冻样物质，胃出血、溃疡，肝、肾等实质器官的变性和坏死等）。

应注意 PRDC 各病原在致病作用上的相加效应（1＋1＝2）和协同效应（1＋1＞2）。例如，M.H 和 PRRS 的混合感染。

5. 遗传因素

猪的抗病力、易应激程度与品种（品系）有关。

二、综合防治

1. 预防

（1）加强饲养管理　使猪群尽可能处于一个舒适的环境中。

尽量使其所处环境中的各种条件接近标准化。包括饲喂、饲料、通风、降温与保暖、湿度、饲料质量、空气质量、日常消毒等。

（2）**控制寄生虫** 寄生虫幼虫（主要为线虫）移行过程会对肺脏造成严重的损伤，从而诱发 PRDC。依猪群具体情况制定一个合理的驱虫计划十分必要。

（3）**制定合理的免疫程序** 对每次发生 PRDC 的猪群要尽可能确诊，以期杜绝之。对有条件的猪场，定期进行不同亚群PRDC 相关因子的血清学检测，以期制定合理的用药程序、免疫程序。如 PP 疫苗、PRRS 疫苗、气喘病菌苗、萎缩性鼻炎菌苗等的使用。

（4）**制定合理的用药程序** 以"脉冲式"给药的方法，每间隔数日（15～25 天）给予一定的保健性药物，以控制或预防PRDC 的发生，如金霉素和土霉素、黄芪多糖和阿莫西林的组合等，每个组合可连续用药 5～7 天。同时要注意休药期。

（5）**育种方式的改进** 培育抗病力强的品种是当前选育的一个方向。例如，由现有的终端杂交繁育体系变为轮回杂交或终端轮回杂交繁育体系，以提高抗病力、避免杂种劣势和某些疾病的引入（例如萎缩性鼻炎和蓝耳病）。令人振奋的是，现国内已有单位在试验室培育出具有抗猪瘟的猪。

2. 诊断

依流行病学、临床症状、大体剖检可基本确诊，确定病原需要实验室工作，但不能仅凭分离或检测到某种病原就妄下结论，针对猪群情况，应依所掌握的证据对病情作合理的解释，对预后、用药等进行合理的估计。

3. 治疗

在治疗过程中不可千篇一律、墨守成规，针对不同亚群采取不同的疗法。最重要的是，在尽可能去除病因的基础上配合药物治疗才能取得更好的疗效。实践证明，早发现、早确诊、早治疗，PRDC 的治愈率就越高。

（1）**西药疗法** 一般以全群药物拌料或饮水，重者针剂注射的方法。在畜禽生产中抗病毒西药现已禁用。可选择抗细菌（真菌）西药佐以其他对症治疗的药物，以控制因细菌（真菌）感染性 PRDC，或控制病毒性 PRDC 的继发感染。

（2）**中药疗法** 风热感冒，以银翘散、桑菊感冒饮、三黄汤、三黄石膏汤加减治疗，稍重以麻杏石甘汤、白虎加桂枝汤治疗；风寒感冒，以麻黄汤（慎用麻黄）、桂枝汤、荆防败毒散加减治疗；凡有脓涕者，以苇茎汤加减治疗；干咳严重者，以止嗽散加减或市售的急支糖浆按人用量灌之；后期因耗损津液而致的便秘，以增液承气汤加减主之；另有市售的成药，如小柴胡注射液、穿心莲注射液、大青叶注射液等。

（3）**穴位注射** 在穴位附近注射水针，如身柱、苏气、六脉、肺俞、膻中等穴位，但效果不确定；条件允许下，可采取气管内注射法，注射的药物主要以抗细菌西药为主。

第八章　猪的繁殖障碍性疾病

"母猪繁殖障碍性疾病"又称"繁殖障碍综合征",是每个有能繁母猪的猪场都曾有过或即将可能出现的疾病群,也有可能因为它的存在导致没有母猪的肥育猪群出现某些疾病。因此,是每个猪场都应面对的防治课题。

作为综合征,病因繁多,表现形式也各不相同,其可能出现的症状有:①母猪乏情、返情、屡配不孕、安静发情。②妊娠母猪流产、产死胎、产木乃伊胎、产畸形胎儿、产弱仔、少仔。③母猪孕期或生产前后厌食、体温持续升高(但与生产时肌肉持续收缩产能的体温升高有区别)、便秘、生产时间过长(甚至在3~7天内间断产仔)。④所产仔猪因先天性感染,在哺乳期或断奶后出现神经症状、腹泻、体温升高、死亡率高等异常情况。⑤公猪睾丸炎、精液品质不能达到应有标准;母猪子宫炎。

导致猪发生繁殖障碍性疾病的因素,可分为非传染性和传染性致病因素。与非传染性繁殖障碍因素有关的内容已分散在本书第二章(猪的营养需求)、第三章(猪的饲养管理要点)、第四章的第二节(猪的呼吸道病复合征)、第四章的第五节(猪的霉菌感染及毒素中毒)等的有关章节中。本章将着重对传染性繁殖障碍因素进行阐述。

一、导致猪非传染性繁殖障碍的因素及防治方案

非传染性因素主要有品种性(遗传性)因素、季节性因素、营养性因素、毒物性因素(如细菌和霉菌毒素性因素、药物性因素)、生殖系统缺陷性因素、饲养管理性因素等。

季节性因素与气候变化有关。如每到夏天，母猪的受胎率总是不如其他季节好，产仔数量减少、弱仔、死胎增多、母猪产后子宫炎发病率高。秋、冬季在我国多数地区因光照减少及温度降低，出于动物长期进化的本能，会导致种猪内分泌系统功能发生改变，与发情相关的激素水平发生变化。因此，相应调整，出现群体性乏情、或发情率及其表现不同于春、夏季。2009年冬的异常降温，许多猪场以燃煤增加舍温，因舍内夜间封闭过严，一氧化碳及二氧化碳含量过高导致母猪群中毒最终流产，同时仔猪和肥育猪出现突然死亡、胸腹腔内有清亮的腹水，是氧气工作供应不足的结果，这种现象是需要我们注意的。

鉴于现代化舍饲的结果，猪群所食饲料营养成分是已知的、限定的。一方面我们对家猪在某些营养学方面的研究还不深入（如铬等某些尚无定论的微量元素对母猪群的营养价值），现有饲料配方还不完全符合生产猪群个群（如地区差异、品种差异、水源差异等）的生理需求；另一方面市场所售饲料源性营养可能存在人为性缺乏或不足，而猪群不能通过非人为途径获取某些未知的或已知的与繁殖有关的营养成分。

霉菌毒素及细菌毒素含量过高、随意在饲料中添加药物，均有可能增加机体对毒物排除的负担，有时甚至会造成某些脏器的器质性病变，尽管机体对各种毒素均有一定的耐受力，但累积效应必然导致机体承受更大的压力，最终导致包括繁殖性能在内的生产能力的下降。

标准的饲养管理模式将发挥猪群最大的生产潜能，将使猪群处于最舒适的环境中。然而"运动不足"是导致繁殖障碍的因素，当前多数规模化养猪场种猪的运动量都不够充分，特别是采用限位栏（定位栏）的猪场，运动更少，母猪出现后肢乏力而影响配种；公猪运动少，精液活力下降，直接影响受胎。这也是农村散养的猪群无论什么季节受胎率、产仔数都高的原因所在。又如选择不正确的饲料使用方法，对于待配母猪（达配种日龄的初配母猪、返情流产母猪、断奶后的母猪），应按哺乳期母猪的饲料质量标准饲喂，在用量上应根据母猪膘情，适当增减，认为母猪越瘦越好配种的观点是错误的。应选择优质的哺乳母猪预混料，提供全面有效的微量元素，饲料中应适量添加动物蛋白质（优质鱼粉），全价料应选择优质原料配制，避免玉米霉菌毒素侵害母猪，重视母猪才能获得优质小猪。青绿饲料缺乏或不足，不仅不能补充维生素的不足，还会造成公、母猪的便秘，影响采食和正常的繁殖活动，青饲料对种猪是最廉价的营养。但要注意是否可能又是一种新的污染源（带有农药、病原体、重金属污染等）。

在实际生产中，导致繁殖障碍的内在因素常同时出现或具有一定关联性，是需要我们正视的。例如，在酷暑季节，因高温造成的猪繁殖障碍包括以下三点：

（1）夏季气温高，母猪散热困难，采食量减少，母猪繁殖所需要的营养物质摄入量不足，出现不规律的发情和排卵，影响配种和受孕，影响胚胎正常生长和发育，出现发情率低、返情率高、死胎和弱胎多的现象。

（2）高温季节饲料中维生素的稳定性差，特别是脂溶性维生素（A、E），在环境高温时可以氧化失效，温度超过30℃时失效更快，而它们是维持正常繁殖活动最基本、最有效的维生素，由于失效而导致饲料中的维生素的缺乏和不足，是导致受胎率低，胚胎发育异常，生殖系统抵抗力下降的基本原因之一。

（3）公猪精液的活力与环境温度呈负相关，环境温度越高，精液活力越低。如无降温系统，夏季猪舍内温度常在38～40℃，甚至更高，公猪性欲下降，精液稀薄、死精、弱精增多，活力明显下降，是夏季母猪受胎率低下的最直接原因；母猪因受高温的影响，性欲发生变化，环境温度高于38℃，发情母猪对公猪的接触兴趣明显下降。这就要求我们积极地从各方面去尽量减少、消除高温带来的负面影响。

二、传染性因素

导致猪发生繁殖障碍的传染性因素，可分为病毒性、细菌性、寄生虫性因素，主要病原包括：细小病毒、猪瘟病毒、猪繁殖与呼吸障碍综合征病毒、伪狂犬病病毒、乙型脑炎病毒、流感病毒、牛病毒性腹泻病毒、脑心肌炎病毒、肠道病毒及其他病毒、钩端螺旋体感染、衣原体感染、附红体感染、弓形虫病、布鲁氏菌感染及其他一些条件性致病菌感染（如大肠杆菌、李氏杆菌等）。病毒性因素以细小病毒、猪瘟病毒、猪繁殖与呼吸障碍综合征病毒、伪狂犬病病毒、乙型脑炎病毒造成的损失最为严重。对于细菌性和寄生虫性疾病，均可应用化学药物（尤其抗生素的使用）使疾病可以得到有效的控制。因此说，当前造成该综合征流行的最主要传染性病因应是病毒性因素。

现就与繁殖障碍相关的最重要的传染性因素简述如下：

1. 细小病毒感染

细小病毒对胎（仔）猪的致病作用，已不仅仅局限于初产母猪的胎（仔）猪，有时在3～4胎后的死亡胎（仔）猪组织中仍可分离到病毒。对母猪致病主要特征取决于在哪个阶段感染该病毒，感染后的母猪可能再发情，或既不发情，也不产仔，或产仔数少，或产出木乃伊胎儿。唯一的症状是在怀孕中期或后期胎儿死亡，胎水被吸收，母猪腹围减小，因自溶组织和毒素短期内吸收而有数天的少食或厌食。其他的表现是不孕、流产、死胎、新生仔猪死亡和产弱仔。胚胎70日龄感染可正常产仔，但仔猪长期带毒，对初产母猪的危害尤其明显。对母猪群免疫细小病毒疫苗可极大限度地降低该病造成的损失：①对体重65kg、被挑选为后备猪的猪群，应及时进行免疫，并确保在初配前已注射2～3次疫苗。②经产母猪每胎配种前后免疫一次。有条件的猪场可依抗体检测来确保免疫效果。

2. 繁殖障碍型猪瘟

母猪感染猪瘟病毒后常引起繁殖障碍，机体免疫力下降。妊娠 10 天感染，胚胎死亡并被吸收，母猪返情；妊娠 10～50 天感染，多死胎，流产；产前一周感染，不影响仔猪的存活，但仔猪可表现为持续性腹泻、发热、神经症状、发育不良等。主要防治措施是：①淘汰带毒母猪。②确保后备母猪在配种前已免疫 2～3 次猪瘟疫苗，并通过抗体检测确保免疫效果良好。因国内多有胚胎被疫苗弱毒感染的报道，经产母猪最好在分娩后 15～22 天注射猪瘟疫苗。③使用质量优良的疫苗并确保免疫确实。

3. 伪狂犬病

当前，伪狂犬病在国内猪群普遍感染，可通过呼吸道、消化道、泌尿生殖道等排出病毒，也可被鼠类等其他动物感染，各种毒力的毒株存在于不同猪群或同一猪群，对伪狂犬病的防治已成为众多猪场必然要认真研究对待的课题。我国猪群中伪狂犬病的临床表现有以下四种类型：①妊娠母猪的流产、产死胎、产木乃伊胎、产出无活力的弱仔。②新生仔猪大量死亡，有时表现出典型的昏睡、感觉敏感、呕吐、颈部腹侧出现红紫色肿胀、黄色腹泻、口吐白沫、角弓反张等不同的神经症状，死亡率可高达 90％以上，此时采集未吃到初乳病仔猪的脑、肾等组织病料，经处理后接种家兔，3～7 天后出现甩头、跳跃、摇头等神经症状，但不一定出现典型的因奇痒而猛烈撕咬皮肤等症状，这可能是 PRV 长期适应于猪作为宿主后毒力发生改变的结果。7～10 天后自试验家兔血清中检测到该病原抗体可证实仔猪病料中含有 PRV。③伪狂犬病病毒引起断奶仔猪发病死亡，表现为腹泻、呼吸困难，也可能有呕吐、痉挛神经症状出现。④母猪不育、乏情、返情；公猪睾丸炎。

伪狂犬病目前尚无有效的治疗方法，以高免血清被动免疫受威胁仔猪或初发病仔猪代价昂贵，不适于我国养猪现状。以免疫预防为主的综合防控措施是防治本病的有效途径，以弱毒疫苗在配种前免疫一次、产前 30 天注射灭活疫苗可有效降低该病的发病率，培育不带毒或低带毒率的后备母猪是减少繁殖障碍的关键。有条件的封闭式管理的猪场可进行伪狂犬病的净化，但这是一项繁杂、枯燥、需要有耐心来持续的工作。

4. 猪繁殖与呼吸障碍综合征

猪繁殖与呼吸障碍综合征的防治，已在"猪的繁殖与呼吸障碍综合征"一节中阐述。

5. 乙型脑炎

本病主要是蚊、蝇传播，有时会经连续注射感染传播。各种年龄的猪都有发生，有明显的季节性，夏季多发。公猪主要表现为睾丸炎，性机能减退，精液品质下降；母猪表现为配种困难、流产、死胎等。青年母猪产死胎、木乃伊胎的比率高达 40%，新生仔猪死亡率为 42%。任何年龄的种猪，在感染严重时，所产仔猪表现为典型的皮下水肿、脑积水，甚至脑实质全部液化。每年蚊、蝇孳生前连续 2 次，相隔 15～20 天免疫乙型脑炎疫苗，同时通过各种措施驱除蚊、蝇可有效防治该病。

6. 钩端螺旋体病

钩端螺旋体病能引起胎儿死亡、流产和降低仔猪的存活率，本病的潜伏期为 1～2 周。在怀孕的第一个月感染，胎儿一般不受影响，第二个月感染引起胎儿死亡和重吸收，产木乃伊胎或流产（死胎），第三个月感染引起流产，产弱仔。氨基苷类、四环素类、大环内酯类抗菌素可有效治疗本病。

7. 鹦鹉热衣原体病

本病为地方性流行病，在某些地区的猪群呈普遍感染态势。病猪或潜伏感染的猪的排泄物和分泌物均可带毒传染，可危害各种年龄的猪，但对妊娠母猪最敏感，病原可通过胎盘屏障渗透到子宫内，导致胎儿死亡，胎盘及死亡的胎儿外观污秽不堪。初产母猪的发病率为 40%～90%，而经产母猪的发病率相对较低。

发病母猪呼吸困难，体温高至 41.5℃，皮肤发紫，不吃或少食，但饮水欲望较强。氨基苷类、四环素类、大环内酯类、抗菌药可有效防治本病。

8. 附红细胞体感染

感染附红细胞体后，患猪表现为高烧，贫血，皮肤苍白或黄染，鼻镜发干，发病的前期、中期精神尚可，由此可初步与猪瘟、猪繁殖与呼吸障碍综合征发生时的嗜睡症状相区分。妊娠后期和产后母猪不食，高烧，部分母猪流产和产死胎，可自流产胎儿的血液中检测到附红体。有效驱除蚊、蝇，避免针头注射时的连续感染，定期使用药物（磺胺类、土霉素、金霉素、贝尼尔或具有抗附红体作用的中药）可有效控制本病的流行。

9. 弓形虫病

与猪弓形虫感染有关的内容详见第十五章（猪的寄生虫病的防治策略）弓形虫病。

10. 子宫感染

子宫感染是多种病原引起的综合征，最常见的是条件性致病细菌、霉菌引起的炎症。通过对母猪输卵管及子宫检查发现，带菌率可达 40%～70%。子宫带菌由公猪配种带入的可能性最大（包皮液，精液本身），也可以来自阴道（外源性感染和不规范的助产），子宫带菌对初产母猪的危害最大，不论是传染性或非传染性疾病，都能引起母猪体温升高，而导致胚胎死亡或流产，乃至激发子宫内膜炎使母猪丧失种用价值。

预防子宫内膜炎，需要注意的环节有：①保持产床的清洁卫生。②产房夏季防蚊、蝇。③配种时对母猪外阴部的清洁；种公猪包皮处的清洁卫生；精液的质量；种猪舍的清洁卫生。④产前外阴部要清洗。⑤其他与生殖系统有关的损伤需要无菌操作观念的引入。⑥药物的使用。在母猪产后使用中药"生化汤"加减方灌服，同时注射甲磺酸培氟沙星、头孢类抗生素等抗细菌性药物。加减生化汤的组方是：当归 120g、川芎 45g、益母草 35g、炮姜 10g、北沙参 18g、龙胆草 15g、蒲公英 20g、紫花地丁 20g、炙甘草 20g。

细菌性子宫内膜炎，可通过注射、子宫灌注等方式进行药物治疗。

（1）注射 4 万～6 万 IU 缩宫素，使恶露尽可能地排除。

（2）**子宫直接投入药物**　0.1％高锰酸钾冲洗，1％雷氟奴尔冲洗；青霉素、链霉素各 10～15 支，生理盐水稀释后冲洗；其他具广谱抗菌作用的抗生素稀释后灌注，如头孢噻肟钠；使用市售的各种治疗子宫内膜炎的中药灌注液。

（3）**全身用药**　肌注阿莫西林或胺苄西林；输液：生理盐水或等渗糖水或林格氏液输液，配合红霉素、地塞米松、维生素 B_{12}、维生素 C、维生素 E 等，输液 1 000～2 000ml，输液不可太快，1 000ml 必须在 1h 以上输完。

（4）**中药治疗母猪子宫炎**　处方 1：黄芪 1.5kg、肉桂 1kg、川芎 0.6kg、熟地 1.5kg、白芍 1kg、黄芩 1kg、菟丝子 1kg、陈皮 1kg、甘草 0.6kg。于产前 7 天至断奶，在每吨饲料中加入上述中药粉末的混合物 1kg，具有保胎，活血，减少母猪产后疾病，提高母猪免疫能力的多种功能。处方 2：使用中成药龙胆泻肝汤（丸），使用方法按说明进行。

（5）**其他方法**　夏季（室内 35℃）产仔母猪，全部在产后 3 天洗宫或子宫灌注，可供选择的药物有头孢类、喹诺酮类抗菌药或市售的具有防治子宫内膜炎的中成药；仔猪吃初乳前应剪除乳牙，以免伤及母猪乳房；在母猪分娩第二头小猪时，开始静脉输液，第一瓶加 15ml 鱼腥草，第二瓶加阿莫西林 2g，第三瓶当液体剩下 100ml 时，加入 3～4IU 缩宫素。

（6）**其他疾病的预防**　包括猪瘟、伪狂犬病、流感等；产后母猪饮水中加食醋（1∶100）。

防治子宫内膜炎应注意的事项：①严格掌握缩宫素的用量。②未配母猪子宫炎可能与玉米赤霉烯酮及衣原体有关。应注重

MITT 的防治，在有衣原体感染导致此类疾病发生时饲料或饮水中添加药物预防。③一旦确诊为子宫炎，全身性用药必须 3～5 天，子宫投药应依据实际情况处理。④注意公猪配种前或输精前母猪会阴部的清洗、人工授精器械的消毒等，尽量按无菌操作的观念进行配种或输精；不使用质量低劣的精液产品。⑤子宫内膜炎的用药（子宫投药），切勿采用自制的中药制剂和对子宫内膜有刺激的药物。⑥子宫直接投药要在注射缩宫素 2～3h 后进行。

第九章 仔猪的腹泻性疾病

仔猪腹泻是困扰规模化猪场仔猪成活率的关键性因素。为此，我们对发生本病征的原因进行了分析，并提出了相应的防治策略，以期对养殖者有所帮助。

就病因而言，仔猪腹泻可为非传染性因素和传染性因素两大类。现将病因及防治策略分述如下：

一、非传染性因素

1. 饲养管理性原因

(1) 母猪乳汁分泌不足　仔猪不能从初乳中得到相应的母源抗体和营养物质，对环境中的致病微生物抵抗力差，从而腹泻。应及时调整孕猪营养配方，产后投以通乳的药物，如通乳散、鲫鱼汤等，或对仔猪寄养、或对仔猪以其他代乳品喂养；此外，刚开始养殖母猪的人员忽视对生后仔猪的剪牙，乳牙在吮吸乳汁时咬伤奶头，母猪疼痛，导致反射性泌乳不足。因此，乳齿的剪除十分必要。

(2) 着凉　仔猪生长空间的有效环境温度过低，如贼风、保育箱内与仔猪同一水平的温度过低、昼夜温差大、过湿、产房采光性差等原因都会造成仔猪着凉，仔猪拉有气泡的稀便。生产中应尽量去除造成仔猪着凉的原因，为仔猪营造一个舒适的温、湿度环境。治疗时应及时保温，注射阿托品或地芬诺酯类药物，口服鞣酸蛋白、抗生素类（如庆大霉素、利福平等）药物防止继发感染，或用中药（如理中汤、白头翁散等）进行组方疗效显著。

(3) 饲料不适　乳猪对教槽料摄入少、饲料原料质量不佳、饲料中抗营养因子过高、适口性差、不同类型饲料间转换过快，导致胃肠功能不适。应在生后数天即强行给予教槽料，使其逐渐适应饲料环境，饲料转换要循序渐进，同时要选择质量稳定的饲料品牌。发生腹泻后要及时查找病因，可用"曲麦散"和"平胃散"加减进行有效治疗。

（4）**仔猪生活的环境不卫生**　这种情况多发生于地面产猪、产床和保育箱长期不清洗消毒、不全进全出式饲养、蚊蝇等外寄生虫过多的猪场。

2. 中毒

（1）**药物中毒**　对猪群疾病防治时，在饲料或饮水中添加了过量的药物。或使用不合理的配伍用药、或药物混合不匀等原因，使猪群发生中毒性腹泻。常见的有：①抗细菌药物中毒性腹泻，主要有青霉素类、四环素类、林可霉素类、泰乐菌素、氟苯尼考、磺胺类药物。②抗寄生虫药物中毒性腹泻，主要有抗球虫药物、左旋咪唑等。当怀疑是以上两种原因导致的仔猪群发生中毒性腹泻时，应立即停止猪群的再摄入，并采取对症治疗，如阿托品、地芬诺酯等，目前没有市售的针对这些药物中毒的特效解毒药。③饲料中某些添加剂成分含量过高导致的腹泻，常见的有阿散酸（现已禁用）、钙和铜中毒性腹泻。阿散酸中毒的仔猪呕吐、拉蒜臭味稀便、瘫痪，用药2～7天后就有典型中毒症状出现，停药后症状缓解，以硫代硫酸钠或二巯基丙醇等解毒有明显效果；钙中毒严重时仔猪排白垩状稀便，甚至在剖检时发现胃壁、肠壁黏膜上有大量的白垩状物附着，停喂高钙饲料后病情会逐渐减轻；铜中毒时仔猪排黑色稀便，乃至血便，可用三硫钼酸钠解毒，也可给予二价离子竞争剂，如每千克饲料加入铁60mg、锌40mg。需指出的是，有些解毒药，如三硫钼酸钠、硫代硫酸钠，在兽药市场上难以找到，可自行购入化学试剂进行配制，但在配制过程中要注意无菌操作。④驱外寄生虫药物、灭鼠药或水杨酸钠（钾）中毒性腹泻，因临床上个别猪群发生，且症状典型，容易确诊，故从略。

（2）**毒素中毒** 包括细菌毒素和霉菌毒素中毒。若猪摄入的饲料中含有相对量过高的毒素，则可造成毒素中毒性腹泻。细菌毒素是细菌在生长、繁殖过程中分泌到外界环境中的外毒素（如大肠杆菌肠毒素）和死亡崩解后菌体中的内毒素（如某些革兰氏阴性杆菌中的脂多糖）。饲料发霉产生的毒物既包括了真菌自身产生的毒素，也包括了饲料或其原料受真菌污染导致的变质、营养成分的改变，从而形成对健康有害的毒物，例如玉米赤霉烯酮、呕吐毒素等霉菌毒素和酸、醛、酮等有害物质。典型的细菌和霉菌毒素混合中毒性腹泻是给猪群饲喂了变质的泔水后造成的中毒综合征。关于 MITT 发生的原因，已在"猪的霉菌感染及其毒素中毒"中叙述。猪群中毒后，应立即停喂可疑饲料或饮水，并积极治疗原发病及并发症，如添加霉菌毒素吸附剂、给予维生素 C 和葡萄糖、胃肠黏膜保护剂（活性炭、胶体枸橼酸铋等）。依腹泻的程度，可以中药进行组方治疗，如理中汤、郁金散、白头翁汤、三黄解毒汤加减等。

需要指出的是治疗中毒性腹泻，应立即查找、确定、切断中毒的根源，停止猪群的再摄入，而后再依中毒的原因、程度进行特效治疗或维持性治疗。

二、传染性因素

1. 病毒性因素

（1）**猪瘟（CSF）** 妊娠母猪带毒综合征是导致当前仔猪腹泻最重要的原因之一。仔猪先天性感染 CSFV 的症状是生后数小时至数天排黄色稀便，因母源抗体高低不同，腹泻可在生后至断奶前的任何日龄发生，有窝发病率高的倾向，仔猪在腹泻之前曾体温升高（39.5～41.5℃）。剖检仔猪可见典型的猪瘟病变，淘汰这样的母猪并进行病理学检查时发现有非典型或慢性猪瘟的病变，这也是怀孕母猪夏季易发生热应激，冬季易发生"感冒"

的根本性原因之一。此时若现场以 ELISA 快速检测试剂盒对仔猪进行抽检，则体温升高和黄色下痢的仔猪群猪瘟抗体普遍低下，甚至没有可检测到的抗体，而那些健康的仔猪群有较高且均一的抗体。被猪瘟病毒感染的仔猪在注射猪瘟弱毒疫苗后很容易发生过敏。根本的解决办法是全群净化猪瘟、淘汰带毒母猪、依猪群发病情况建立合理的免疫程序、强化免疫效果、选用免疫效果好的疫苗、有选择地对仔猪超前免疫。

（2）猪伪狂犬病（PPR）　　伪狂犬病病毒（PRV）导致仔猪的腹泻原因类似于猪瘟病毒，带毒母猪是关键性因素，这样的母猪群时而出现繁殖障碍征候群，如后期流产、产期延迟、生弱仔、仔猪先天性感染等，仔猪生后数小时至数天即排黄痢，体温升高（39.5~41.5℃），同时部分仔猪出现神经症状，剖检可见典型的伪狂犬病病变。若取病仔猪的脑、脊髓、淋巴结、肾脏等处理后接种于家兔，2~7 天后接种病料的兔会出现典型 PRV 感染后的神经症状。但人们有时也发现，病料接种家兔后不出现典型的神经症状（尤其奇痒），但以乳胶凝集试验对接种病料 7 天后的兔进行抽血检测伪狂犬病血清抗体结果为强阳性，对照组为阴性，这可能是 PRV 长期适应于猪作为宿主后毒力、嗜性发生变化所致。笔者认为，垂直传播的强度与种猪群的抗体水平高低有关，鉴于母猪群 PRV 感染的普遍性，当前对猪群伪狂犬病净化的方案难以实施，如何通过免疫将该病毒对胎猪的感染率降到最低才是最实际的办法，而并非只简单地对阳性母猪进行淘汰。推荐的防治方案是：①后备母猪，30~40kg 时，注射猪 PRV 弱毒疫苗 2 头份；已满 7.5 个月时，注射伪狂犬病弱毒疫苗 2 头份；孕后 80 天，注射伪狂犬病灭活苗 2 头份。②经产母猪，孕前注射弱毒疫苗 2 头份，孕后 80 天，注射灭活苗 2 头份。对于母猪，有繁殖障碍史者，孕前以弱毒疫苗免疫的同时加注灭活苗 2 头份。③种公猪，每 5~6 个月注射弱毒疫苗 2 头份，同时加免灭活苗 2 头份。有疑似本病者应淘汰。④仔猪群，生后超前免疫，滴鼻 1～1.5 头份弱毒疫苗。

(3) **传染性胃肠炎（TGE）和流行性腹泻（PED）** 是秋、冬、春寒冷季节仔猪腹泻病中最重要的病因之一。季节性强，主要经粪便传播，在猪群（或地区）中呈明显的传染性，从一个猪群（或地区）传到另一个猪群（或地区），短时间内迅速传遍全场（或地区）。但近两年来我们发现，有的猪场本类病的发生，并不能找到合理的由外界病原传播到本场的证据，唯一合理的解释是猪群隐性感染后在适当条件下发病，从而引发了全场疫情的暴发。因此，积极预防本类病，不应简单地认为疫情在周围地区发生后仅封闭式管理即可防止疫病的发生，防治原则应是封闭、消毒、免疫、隔离等措施相结合。仔猪发病率高，哺乳仔猪感染后死亡率可高达 90％以上，原因是迅速脱水而来不及调节自身的水液平衡。有的猪只在发病前后，体温偏低到 37～38℃。发病时，病猪厌食、呕吐、排水样恶臭便，严重者腹泻呈喷射状，后变为灰绿色粥样便，如无继发感染，则粪便逐渐转变为无恶臭味，3～7 天后转归死亡或痊愈。

预防方案是：①注射疫苗。每年秋节连续 2 次、间隔 20～30 天对种猪群进行 TGE-PED 二联疫苗免疫。实践证明，免疫后的猪群即使发病，也是症状轻微、病程缩短、病死率低。②不从疫区或场引猪。我们也发现过病情较特殊的病例，有的猪场在盲目引猪并与原场饲养的猪群混群后不久，发生了以 PRRS 或猪瘟为主要病因的高热性疾病，但在病程中、后期同时发生了TGE 或 PED，提示所引入猪可能带有两种以上的高滴度的传染性因子，而这些传染性因子的型或株在原猪群中不曾流行，或原猪群对这些传染性因子处于低水平的特异性免疫期。不论何种原因，不盲目引猪、引入猪群须隔离观察并与原猪群分群饲养很有必要。③疫病高发季节，禁止可能带毒的车辆（如粪车、饲料车等）及人员进入场区。④注重卫生消毒措施，每栋猪舍进、出口均设消毒池。

治疗方案是：①全群给予充足的饮水，在饮水中加入口服补液盐。②发病 2 天后，对病猪进行有效防治，包括注射阿托品、地芬诺酯、安钠咖等；肾腧、后海穴注射鱼腥草、穿心莲、或抗病毒性西药；口服鞣酸蛋白、杨树花提取物；可依发病程度选用理中汤、真武汤、四逆汤等进行灌服，能显著提高仔猪群的成活率；为防止继发感染可在饮水中有选择地投予广谱抗生素，如恩诺沙星、氟苯尼考等。③对已受疫病威胁的猪群进行紧急防疫，注射 TGE - PED 二联疫苗。④发病猪群和未发病猪群的饲养人员要分开工作，生活、生产用具分开使用。同时注重地面、通道的消毒。

（4）**其他病毒感染**　轮状病毒感染，8 周内多发。表现为一窝内个别散发或群发。病仔猪排黑或褐色泥样稀便。一般经 4～5 天后可自愈。此外，也有报道呼肠孤病毒 I 型引发猪"冬痢"者，在临床中应给予关注。但无论何种病毒性腹泻，治疗时均可参照"（3）"的方案。

2. 细菌性因素

（1）**仔猪黄痢**　建议有条件的猪场以免疫原性好的自家灭活苗或能代表本场流行菌株的疫苗对母猪群免疫，理由是：①仔猪黄痢的大肠杆菌血清型多，如有代表性的菌体抗原有 O_1、O_2、O_5、O_8、O_9、O_{20}、O_{55}、O_{64}、O_{78}、O_{101}、O_{111}、O_{138}、O_{139}、O_{141}、O_{149}、O_{157} 等，可能尚有更多的血清型未被发现。市售的疫苗在抗原性上与本地（场）流行株间可能有一定的抗原差异性，在使用时效果并不一定很理想。②以各种中、西药对种猪群进行群防不仅是增加了成本，还涉及中药原材料的不稳定性、猪群内外微生物"小生境"中致病菌产生的耐药性问题。③待到仔猪发病时再进行治疗则会增加人力、物力的投入，导致摄入初乳的空耗，则是下下之策了。实践证明，对产房猪群实施全进全出的饲养模式，并以免疫原性好的自家灭活苗对母猪免疫，仔猪黄痢发生率明显下降，即使有黄痢发生，也比对照组的粪便黏稠，容易治疗，甚至不经治疗而自行耐过。发生黄痢后可进行如下治疗：①外涂透皮剂，主要成分有利福平、痢菌净等。②腹腔补液，以葡萄糖生理盐水为基质，加入阿托品、恩诺沙星、氟苯尼考、庆大霉素、利福平等。药物配伍要合理并避免使用强刺激性的药物。注射过程要做到无菌操作，以避免腹腔感染。注射部位的选择，是在腹侧近后肢部第 2 对乳头旁开 1~2cm，进针方向要与捏起的皮肤垂直。③肾腧、后海穴注射黄连素、鱼腥草或抗革兰氏阴性菌的抗生素。④中服给药，如白头翁散等中药，或庆大霉素等抗生素。需要注意的是有些腹泻看似黄痢，但其背后的真凶可能是 CSFV 或 PRV，临床上应进行鉴别诊断。

(2) **仔猪副伤寒**　由猪霍乱沙门氏菌感染仔猪后导致的顽固腹泻，出现高热、皮肤发绀、厌食等症状。剖检时在结肠、盲肠等处的黏膜上可见典型的黄色或绿色麸皮样固膜性炎症变化。病因如下：①忽视疫苗免疫。②免疫操作失误。③夏、冬季节舍内湿度大，对断奶后仔猪不进行定位排便，猪舍地面泥泞、肮脏，仔猪接触粪尿几率大。调查显示，自 2009 年夏季到冬季期间，本病的发病率有所升高，甚至在某些中、大型猪场的猪群中也有发生，究其原因，与圈舍地面过湿、不进行免疫有关。在某种程度上讲，本病的发生可以作为猪群环境卫生状况不良，需要马上进行清查管理漏洞的一个指征。④增生性回肠炎。发生于较大体重猪，但近来在体重 10~15kg 的猪群中也有发生，剖检发现回肠黏膜有显著的脑回样增生。以泰妙菌素（支原净）、泰乐菌素治疗由劳氏胞内菌感染引起的回肠炎有效。⑤并发或继发于其他疾病。常见的有猪瘟、弓形虫病、霉菌感染及毒素中毒、鞭虫及蛔虫感染。建议以仔猪副伤寒活苗在断奶后 5~14 天内进行 2 头份口服免疫。以庆大霉素、安普霉素等氨基苷类抗生素连续口服有效，同时应积极治疗并发病。

(3) **其他细菌性腹泻**　①仔猪白痢。剖检时肠壁及系膜血管、淋巴管内充满油状白色乳糜样物。防治时可用长效抗生素注射，如恩诺沙星油剂、氟苯尼考油剂等。②仔猪红痢。由魏氏梭菌引起的梭菌性肠炎，7 天内的仔猪排黏稠、带有气泡的血便，可用头孢类抗生素、喹诺酮类如恩诺沙星等进行治疗。③血痢。由猪痢疾密螺旋体引起的血痢，可以痢菌净进行有效防治，应注意不从疫区引猪。有疑似病例需实验室诊断时，病原应注意与猪腹泻螺旋体、无害螺旋体、弯曲杆菌相鉴别。④猪弯曲杆菌性腹泻。在临床中，有些症状类似于血痢的病猪，进行实验室检查时发现粪便中及肠黏膜上附着大量的弯曲杆菌。以氨基苷类抗生素、痢菌净口服有效。

3. 寄生虫性因素

（1）**猪蛔虫感染**　仔猪前期干咳，时有少量稠痰，数天后消瘦、呕吐、黄色黏稀便。粪便虫卵检查阳性，剖检时肝脏有云雾状寄生虫移行斑，在小肠腔甚至胃中有蛔虫成虫。应定期对孕前母猪驱虫，并注意及时清扫粪便，仔猪断奶后的 5～15 天、25～35 天以左旋咪唑、丙硫咪唑、阿维菌素等驱线虫类药物进行驱虫有效，但应注意有的地区或猪群中的线虫已对长期使用的抗寄生虫药物产生了抗药性，应根据驱虫效果及时更换药物种类。

（2）**猪毛首线虫（鞭虫）感染**　仔猪呈消瘦等营养不良状态，排黄绿色稀便；粪便虫卵检查阳性；在大肠、盲肠中有鞭虫成虫存在。防治方案同"（1）"。

（3）**猪球虫感染**　应与黄痢、先天性猪瘟、先天性伪狂犬病等进行鉴别诊断。生后 3～14 天的仔猪易发，排黄色油状粪便，以抗毒类药物或抗生素治疗无效，以抗球虫（如氨丙林）或磺胺嘧啶类药物口服有效。

（4）**其他寄生虫性腹泻**　①猪结节虫感染。黏性或血性下痢。剖检可见食道口线虫的幼虫在大肠壁内寄生使肠壁有粟粒大小的白色隆起的坏死灶或溃疡灶。应定期对猪群进行驱虫。②结肠小袋纤毛虫感染。本病常并发或继发于其他疾病，病猪排软便，食欲下降；随后粪便呈水样、黄色或灰色，带有组织碎片，恶臭，食欲废绝，后肢无力，严重脱水者倒地不起，并转归死亡。粪便检查，可见大结肠和盲肠内容物及肠黏膜刮取物中发现结肠小袋虫滋养体和包囊。以甲硝唑、地美唑（现已禁用）、磺胺嘧啶类药物治疗有效。

三、防治策略

对于集约化养殖场，运用各种诊断方法摸清本场仔猪腹泻的原因，并加以防范和控制十分必要，因为仔猪腹泻所反映出的，可能是猪群营养、管理或疫病防控中的某个环节出现了失误，潜在的后果可能会导致全场猪群大规模发病，从而造成严重的经济损失。查找病因，准确诊断，将病情消灭在萌芽。

第十章 国内猪瘟防治进展

猪瘟（classical swine fever，CSF），又称猪霍乱或烂肠瘟，是猪的一种急性、发热性、高度接触性、出血性和致死性传染病。欧洲为区别"非欧猪瘟"（非洲猪瘟）而将猪瘟统称为"古典猪瘟"。本病由黄病毒科、瘟病毒属猪瘟病毒（CSFV）引起。世界动物卫生组织（OIE）将其列为必须报告的动物疫病，我国将其列为一类动物疫病。随着国内养殖业环境的改变及动物疫病防控体系的形成，猪瘟的流行态势发生着改变，我国从 20 世纪 50 年代开始广泛应用 CSF 兔化弱毒疫苗（C 株、CSFLV），有效控制了猪瘟的大面积发生和流行，然而近年来 CSF 的发生和流行发生了很大的变化，种种迹象表明，本病仍是威胁我国养猪业的主要疫病，笔者认为有必要回顾本病的发生历程，对其流行史及以疫苗免疫为主的防控路线进行审视，以进一步明确本病对养猪业造成的危害，为今后防控本病提供更加科学合理的思路。

一、猪瘟的历史沿革

猪瘟是起源于美国还是其他地方仍是一种推测，猪瘟样疫病最早约于 1810 年报道于田纳西州，约于 1830 年首先发现于美国的俄亥俄州（Ohio），有人认为该次疫病暴发的确切时间应为 1833 年。1903 年 De schweinitz 和 Dorsot 证明该病病原是病毒。1908 年匈牙利的 Hutyra Koves 氏研制成猪瘟高免血清，说明那时欧洲已有猪瘟的存在。1909 年日本第一次发现并开始研究猪瘟。在 1976 年巴黎国际兽医局的资料宣布无猪瘟的国家有芬兰等 11 个欧洲国家，以及澳大利亚、朝鲜和美国。日本从 1969 年应用海猪肾细胞培养的活疫苗（GPE－株）后猪瘟显著减少了，1975 年以来没有出现，但 1980 年后又突然有多起出现。1983 年以来，猪瘟在欧洲继续流行，至少 11 个国家发生了该病，调查显示以上所有暴发，是由猪只流动、运载汽车、人员接触、加热处理不当的废食物引起。目前，本病包括中国在内的亚洲、非洲、拉丁美洲、欧洲东部等的养猪国家和地区都有不同程度的发生与流行。

我国于何时发现猪瘟没有明确的文字记载，约于 1925 年华南大学农业科学院开始研究猪瘟（包括免疫血清），而台湾的相关资料表明 1896 年即有本病的发生记录。1945 年在石家庄地区分离获得我国制造灭活疫苗及鉴定、攻毒标准强毒的猪瘟病毒石门株。从 1948—1950、1954—1956 年我国科学家周泰冲等相继用 4 株猪瘟病毒分别诱发家兔感染，最终获得猪瘟兔化弱毒（C株、HCLV），并于 1956 年在国内扩大生产应用后赠送国外，为世界控制和消灭猪瘟做出重大贡献。20 世纪 50 年代以前，本病在我国流行极为普遍，给养猪业造成很大经济损失。50 年代后期采取以免疫为主的综合防治措施后，基本上控制了猪瘟的流行。1998 年前后又有抬头趋势。以温和型、非典型和母猪繁殖障碍征候群为主的猪瘟，表现复杂、区域性流行与零星散发共存，高死亡率的急性症状和持续性感染的温和性症状共存，更有混合感染或继发感染。2006 年夏到 2007 年年初，我国自南向北的一场猪的所谓"无名高热"席卷了众多猪场，多数国内学者和临床兽医人员认为该综合征与猪瘟有很大相关性，对此农业部要求猪场要做好高致病性猪蓝耳病和猪瘟的防治工作。近来仍不断有关于猪瘟与猪高热性疾病相关性的报道。

二、当前国内猪瘟流行状况

陈健雄（2010）认为，当前国内养猪业猪瘟仍处于频发期，经典型、温和型危害均非常严重，多表现为亚临床感染、母猪繁殖障碍和新生仔猪先天性感染。带毒母猪的存在、疫苗的质量问题和免疫程序不当是目前猪瘟危害严重的主要原因。万遂如（2010）指出，国内种猪带毒持续感染（CSFV 在猪群中的阳性感染率为 25.5%～70%、带毒母猪综合征在妊娠母猪中的阳性感染率约达 43%）、先天性感染猪瘟病毒的仔猪产生免疫耐受、猪群中严重存在免疫抑制和危害、疫苗的质量不高是造成猪瘟疫情长年不断的主要原因之一。王效京等（2010）认为，猪瘟流行态势呈局部散发，趋于小龄化，发病温和，持续性感染，胎盘感染和免疫耐受，免疫力低下，混合感染和并发症特点，这与叶秀娟（2005）等的观点基本一致。高林等（2010）调查发现猪群猪瘟病毒的感染率为 53.5%。乔国峰等（2010）认为当前山西省猪瘟流行现状呈非典型化、散发性、混合发作特点。付利芝等（2009）对重庆地区部分猪场的猪群抗体进行监测，结果发现部分母猪抗体阻断率很高，而其所产仔猪在 28 日龄、56 日龄进行二免后采血，分离血清不论首免还是二免，均检测不到 CSFV 抗体，用 RT－PCR 方法对 2003—2005 年检测不到猪瘟抗体的 240 份血清进行 PRRSV 和 CSFV 核酸的检测，猪瘟病毒阳性率高达 75% 以上，而且 PRRS（猪繁殖与呼吸障碍综合征）和猪瘟混合感染在逐年增加（依次为 22.5%、32.3%、41.1%），表明这两种病是造成免疫耐受的主要原因。何世成等（2009）对湖南省 20 个规模化猪场调查，猪瘟免疫抗体阳性率在 2.9%～100%，各日龄段的商品猪阳性率均不超过 40%，经多次免疫的种猪阳性率也仅为 68.8%，所检测的 20 个规模化猪场大部分免疫效果不理想。其中的 16 份非免疫仔猪血清抗体均为阴性，以此推断个别猪场母源抗体维持期短；在 16 个猪场 276 份 1 岁以上种猪血清中，猪瘟病毒和猪繁殖与呼吸障碍综合征病毒（PRRSV）的免疫抗体阳性率均明显高于场内商品猪，特别是猪瘟，87.5% 的猪场猪瘟免疫抗体阳性率在 60% 左右，说明多次免疫能明显提高免疫效果。徐凯等（2010）以四川省 13 个规模化猪场为调查对象，采集扁桃体样品和血样各 863 份，进行猪瘟病毒及其免疫抗体检测，扁桃体检测结果显示，13 个猪场猪瘟病毒抗原阳性率从 1.78% 到 14.5% 不等，平均为 6.62%；血清检测结果显示，猪瘟免疫抗体阳性率平均为 68.1%，最高为 86.7%，最低为 20%。结果表明，各场免疫水平相差较大，平均阳性率低于 70% 的国家标准，猪瘟带毒现象在四川省内规模化猪场普遍存在。调查近几年四川省内发病猪场或者抗体阳性率较低的猪场发现，免疫失败的原因有：①长期更换疫苗或者使用劣质疫苗；②免疫程序不合理；③胎盘感染导致免疫耐受，圆环病毒病、蓝耳病等免疫抑制性疾病的干扰也是当前防控猪瘟等疫病不容忽视的一个事实。鞠厚斌等（2010）对 2006—2009 年上海地区规模化猪场和散养户的临床病例样本进行了病原学检测，发现上海地区的猪瘟呈逐年下降的趋势，在 15.91% 到 2.12% 间，并认为 PRRSV、PRV（伪狂犬病病毒）、PCV - 2（猪圆环病毒Ⅱ型）等病原体是引发 CSFV 暴发的一个重要因素。徐国栋等（2011）曾在 2003—2011 年间进行了 3 次天津地区猪病发生情况及猪瘟流行趋势的调查分析，CSF 在每次调查中均位于各种疾病发病率的前三位，总发病率为 26.95%，有该病参与的疾病曾一度在 80.4% 以上，对截取的 2004 年 5 月到 2006 年 2 月、2006 年 5 月到 2008 年 2 月、2009 年 5 月到 2011 年 2 月三期各 22 个月的调查进行比较发现，猪瘟发病出现中间低、两头高的特点。第一期猪瘟处于缓步上升态势，说明当时流行渐有抬头；第二期先高后低，发病态势较其他两次调查偏高，尤其 2006 年 8 月至 2007 年 9 月间，呈明显的高发态势，而在 2007 年 11 月份后，发病率几乎下降到零，可能与当时全国流行"高热病"后，农业部（2007 年 3 月）明确要求加强 PRRS 和 CSF 的防治，养殖者强化了猪瘟防治并取得显著效果有关。第三期显示的猪瘟发病曲线指示当前猪瘟的发病率又有上升趋势。何小兵等（2011）所分离到的猪瘟病毒 GSLZ 株与 C 株相比，E2 蛋白的抗原表位发生了漂移，认为这可能是近年来甘肃兰州地区免疫猪瘟疫苗后仍可感染猪瘟病毒野毒株，从而导致免疫失败发生的原因。并指出国内猪瘟病毒在分子流行病学上的分布呈多样必性，但又有一定的分布规律，在一定区域和一定时间内的流行野毒之间同源性都比较高，而与过去一些传统毒株相比则发生了变异，与疫苗毒株比较也有一定的变异。

可以得出以下结论：①国内猪群猪瘟病毒感染率仍然很高，致病方式日趋复杂，对该病的控制因各地区、各场水平高低而有很大差异。种猪带毒、疫苗质量、各种因素导致的免疫抑制、野毒在猪群中循环传播成为该病防控中的焦点，疫苗毒株与流行毒株间存在的抗原差异也应加以考虑，该病仍在蚕食着养殖者应有的利润。②临床症状趋于多样化，多呈非典型症状，先天性感染和免疫耐受普遍存在。③混合感染和继发感染普遍存在。由该病造成的损失不容忽视，防控形势严峻，应引起畜牧主管部门和从业者的高度关注。

三、猪瘟的流行病学

本病的易感动物仅为猪和野猪；传播途径有水平传播（直接或间接接触的口鼻传播）和垂直传播（患病或弱毒感染的母猪，可经胎盘感染胎儿）；传染源是病猪，粪尿、各种体液和分泌物均可排出病毒，屠宰时则由血、肉、内脏散布大量病毒，以淋巴结、脾、血液含量最高。部分健康猪感染猪瘟病毒1～2天后而未出现症状前就能排毒，部分康复猪在康复5～6周内仍有可能带毒和排毒。近年来刘俊等（2009）应用荧光定量PCR（FQ-PCR）检测方法发现病猪从感染后第1天到濒死前第8天，粪便中均能检测出病毒；尿液和眼分泌物至少能从第3天，唾液从第4天开始检测出病毒，且病毒含量呈增加趋势。而猪瘟病毒能在粪便、尿液及气溶胶中存在较长时间，因此养殖者对怀疑患猪瘟的病猪应及时处置，以免疫造成病毒的大量散播；此外，猪瘟病毒可通过受损皮肤和黏膜感染，人群、啮齿动物、宠物作为机械性载体，尤其是人在猪瘟病毒的传播中具有重要意义。笔者认为在养殖环节中尤其应避免的是连续注射感染、去势感染、精液作为商品导致猪瘟病毒传播的可能性。

四、致病机理

病毒在体内的传播一般不超过 6 天。水平传播时，猪瘟病毒经由口腔或咽部侵入宿主体内，在扁桃体或咽部组织发生最初增殖，在病毒血症条件下随血流或淋巴而扩散，该病毒对造血器官和血管组织具有特殊的亲和力，使组织发生损害，造成淋巴结肿大、广泛性全身出血。因感染引起白细胞和血小板的减少也是造成出血性变化的重要原因。垂直传播时，猪瘟病毒可透过胎盘感染胎猪，而胎盘屏障可阻挡母源抗体（免疫球蛋白）的通过，故造成具有死胎、畸形胎、早产、木乃伊、震颤等症状的仔猪出现。

猪瘟病毒在单核巨噬细胞和血管内皮细胞内复制，中和抗体在感染 2～3 周后才出现。猪瘟病毒引起的白细胞减少对白细胞亚群的影响不均，B 淋巴细胞、辅助性 T 细胞、细胞毒性 T 细胞是受影响最严重的。猪瘟病毒和单核巨噬细胞的相互作用引起了调节分子的释放，这种分子促进了疾病的发展。感染的内皮细胞产生的炎性细胞因子在免疫抑制过程中具有重要作用，而且通过吸引单核细胞也利于病毒扩散。猪瘟病毒与宿主细胞的相互作用导致宿主先天性免疫逃避。梅淼等（2010）发现猪瘟病毒石门株血毒感染仔猪后，可引起脾脏、淋巴结的淋巴细胞渐进性变性与坏死，造成免疫损伤。胡永明等（2011）发现不同毒力猪瘟病毒感染猪后，免疫学指标均发生了变化，只是弱毒株感染猪出现的指标变化较晚或相对不明显。白细胞凋亡是造成 T 淋巴细胞减少的主要原因；CD_4^+ T 淋巴细胞的减少机体体液免疫功能降低；CD_8^+ T 淋巴细胞的减少可导致机体细胞免疫功能降低；猪瘟病毒感染后诱导的细胞凋亡以 IFN - γ 产生量减少和 TNF - α 产生量的增加与机体免疫细胞减少有关。王惟等（2010）的研究表明，免疫后猪瘟病毒血清抗体呈阴性的母猪 PBL（外周血淋巴细胞）中，$CD_3^+ CD_4^+$ 淋巴细胞亚群的减少及 $CD_4^+ CD_{25}^+$ 淋巴细胞亚群的增加，因为 $CD_3^+ CD_4^+$ 细胞一般被认为是 Th 亚群，而 $CD_4^+ CD_{25}^+$ 细胞亚群作用相当于 Treg 细胞作用，则证明了猪瘟病毒抗体阴性猪 PBL 中 Th 的含量显著低于抗体阳性猪，这可能是导致猪瘟疫苗免疫反应低下的原因之一。

五、猪瘟疫苗

1. CSFV 的分型

本病毒只有一个血清型，由本病毒与抗 BVDV 血清出现的中和反应程度，将猪瘟病毒分为 H 和 B 两个亚群，其中与 BVDV 阳性血清中和反应弱的为 H 群，H 群毒力强，B 群毒力弱。而 Aynaud（1974）也首将猪瘟病毒分为与之类似的 2 个亚群，其一为已知的病原性强的病毒以及由其演变的一些弱毒株，如 C 株、日本的 GPE - 株；另一为美国的 331 株为代表的病毒株，包括从各地型猪瘟分离到的自然弱毒株。后者与 BVDV 在抗原性上的亲缘关系较密切。

根据对 CSF 病毒毒性的遗传衍化分析，揭示了流行于亚欧的基因群可划分为 1 群和 2 群，尽管近年来我国的流行株为基因群 2，但属于基因群 1.1 的中国兔化弱毒苗毒株（C 株）对异型毒株仍能提供强有力的保护。

2. CSF 的疫苗种类

（1）**猪瘟结晶紫疫苗**　为灭活苗，1948 年 Cole 创造，1950 年我国加以改进后生产使用。其强毒毒种以健康猪为增殖病毒的培养器，其后将血毒（或脾脏和淋巴结）按比例加入 0.25% 结晶紫甘油液中 37℃ 灭活后制成。其优点是安全，保护率达 80% 以上，但存在易散毒、疫苗激发机体产生的免疫力不完全、灭活不完全可造成猪群大面积发病等缺点，应用于 20 世纪 80 年代前，现多已不用。

（2）**弱毒苗**　自 1946 年后，很多国家进行了猪瘟弱毒疫苗的研究并通过动物或细胞培养途径，培育成了多种无毒或弱毒疫苗毒株，如 SPF 系兔化弱毒（英国）、GPE－弱毒（日本）、IF-FT/A22 系弱毒（法国）（适应于兔肾细胞的 SPF 系兔化毒）、Viruman 系弱毒（德国）、CL 系（法国），及 C 系（中国）。疫苗减毒的方式不尽相同，都能达到致弱的目的，但许多毒株致弱机制仍保持未知。

国内的弱毒苗毒种为 C 系弱毒，生产的疫苗依其增毒来源分为组织源弱毒苗和细胞源弱毒苗，前者包括猪瘟兔化弱毒冻干疫苗（脾淋毒）、猪瘟兔化弱毒乳兔组织冻干苗（组织毒）、猪瘟兔化弱毒牛体反应冻干苗（脾淋毒）；后者包括猪瘟兔化弱毒猪肾细胞冻干苗、猪瘟兔化弱毒牛睾丸细胞冻干苗和猪睾丸细胞疫苗（suis testicle，ST 疫苗）。其优点是：①产生免疫力快，49h 可产生不完全免疫力，72h 免疫力可靠；②具有坚强的免疫力，免疫猪攻击强毒可以得到 100％保护；③免疫期长，疫苗免疫断奶仔猪免疫期至少 1 年；④用于怀孕母猪安全；⑤免疫猪不长期保毒；⑥兔化毒的最小免疫量与对兔的最小感染量一致。脾脏为 11^{-5}、淋巴结 $10^{-4} \sim 10^{-5}$、血毒 $10^{-2} \sim 10^{-3}$；⑦在发生猪瘟的疫区，可做紧急预防接种，可迅速控制疾病的发展。其中 ST 活疫苗为国际认证的同源传代源疫苗，具有滴度高、工艺稳定、质量易控、批差异小、免疫力高、无外源性病毒污染等优点。

（3）**疫苗质量控制与牛病毒性腹泻病毒污染**　疫苗在病毒学意义上必须是"纯"的。国际标准是用试验猪接种疫苗量病毒 2 次后，不得在其血清中测出以下病原抗体：非洲猪瘟、伪狂犬病、牛病毒性腹泻、口蹄疫（所有型）、传染性胃肠炎、猪水疱病、猪流感（H_1N_1 和 H_3N_2 型）、猪腺病毒，猪肠道病毒（Ⅰ型和Ⅱ型）及猪细小病毒。

　　当前国内猪瘟疫苗污染因素中最应重视的是牛病毒性腹泻病毒在疫苗中的存在。猪感染牛病毒性腹泻病毒已经引起有关国家特别是已消灭或控制猪瘟的国家的重视。20世纪60年代，澳大利亚一些学者首先怀疑在猪瘟检疫中出现的琼扩抗体是由BVDV引起的。Fernelius H L（1973）等首次从类似于猪瘟的临床症状和病理变化的猪体内分离到牛病毒性腹泻病毒，从而在病原学上证明牛病毒性腹泻病毒可以自然感染猪。王新平等（1996）应用RT-PCR方法从内蒙古哲盟地区疑似猪瘟病料中检出牛病毒性腹泻病毒核酸，从而在国内首次证实牛病毒性腹泻病毒可感染猪。宋永峰等（2009）用套式PCR检测从浙江、安徽、湖南、江西、广东、广西、辽宁等地采集的43份猪病料中牛病毒性腹泻病毒的流行情况，阳性率为16.3%。杨小燕等（2011）从福建某猪场疑似猪瘟的发病仔猪体内分离到猪源牛病毒性腹泻病毒，以ELISA对2009～2010年闽西地区12个规模化猪场送检的猪血清进行牛病毒性腹泻病毒和猪瘟病毒抗体检测，结果表明，猪瘟病毒抗体阳性，同时牛病毒性腹泻病毒抗体阳性的为86份，占猪瘟病毒抗体阳性总数的33.3%，占牛病毒性腹泻病毒阳性总数的74.5%。猪瘟病毒阴性，牛病毒性腹泻病毒阳性的有29份。表明猪瘟抗体阳性的猪群中牛病毒性腹泻病毒感染率较高，猪瘟疫苗可能存在BVDV污染。邓波（2011）等调查了上海地区规模化猪场猪瘟疫苗是否引起牛病毒性腹泻病毒的发生及上海地区规模化猪场该病的流行情况，结果认为免疫猪脾淋苗不能使猪产生牛病毒性腹泻病毒交叉抗体，猪群因猪瘟疫苗感染牛病毒性腹泻病毒的可能性比较低，该病近几年在上海市猪群中并没有出现。戴志红等（2010）认为，《中华人民共和国兽用生物制品规程》（2000年版）和《中华人民共和国兽药典》（2005年版3部）都要求对猪瘟活疫苗（包括种毒）进行鉴别检验，但由于鉴别检验用阳性血清缺乏，该工作实际并未进行，给疫苗质量监管留下隐患。范学政等（2010）对23个批次的猪瘟细胞苗进行检测，发现有 5 批疫苗污染牛病毒性腹泻病毒，均为 BVDV Ⅰ 型，污染率为 21.74%。万遂如（2010）就此以及脾淋疫苗中掺有牛睾丸细胞疫苗等事实提出应当停止牛睾丸细胞疫苗生产，使用其他优质疫苗势在必行，否则必将最终造成严重后果的观点。陈健雄（2010）认为猪场使用了被牛病毒性腹泻病毒污染的疫苗导致猪只出现类似猪瘟的症状和病变须引起重视。此外，猪感染牛病毒性腹泻病毒的主要来源是牛，周围有牛存在的猪场，猪牛病毒性腹泻病毒的阳性率往往较高。这可能与饲喂了牛乳清和脱脂牛乳，或者一些牛的下脚料等有关。牛病毒性腹泻病毒感染猪往往在临床上不表现特征性的症状，多为持续性感染，这也是 BVD 广泛流行的原因之一。

看来，疫苗中污染牛病毒性腹泻病毒对养猪业造成的危害早已形成业内共识，或许由此所折射出的不单单是牛病毒性腹泻病毒问题。养殖者所能做到的，就是尽量避免牛病毒性腹泻病毒污染猪场的各种可能性，挑选质量可靠的猪瘟疫苗，这不仅仅是显著提高猪群特异性免疫力的问题，还可以杜绝未知潜在传染因子对猪群的危害。建议有条件的猪场应加强对以牛病毒性腹泻病毒为主的疫苗源传染性因子监测，考虑这些传染因子在猪群中存在、造成不明原因损失的可能。

（4）**疫苗免疫**　猪瘟属我国动物疫病中的强制免疫性动物疫病，国家和地方兽医主管部门规定了猪瘟免疫程序，在选择优质可靠疫苗的同时，应尽量避免在孕期注射或超大剂量注射疫苗，因为尽管大量试验证实 C 株弱毒疫苗安全高效、在孕期免疫没有任何危害，但我们应考虑到国内猪病日趋复杂，免疫抑制现象普遍，试验用猪群与现实养殖的猪群免疫力必然有所差别，所谓"疫苗弱毒"只是一个相对的概念，疫苗弱毒与猪机体作用是一个复杂的免疫学问题，需要根据猪只具体健康状态而定，弱毒疫苗对猪只机体造成直接或间接损伤不无可能。

六、猪瘟的确诊

我国在"猪瘟防治技术规范"中规定了猪瘟的确诊程序：依流行病学特点、临床症状、病理变化可判定"疑似猪瘟"。当确诊非免疫猪时应符合以下条件：①疑似猪瘟；②血清学诊断中某一项（猪瘟病毒抗体阻断 ELISA 检测法、猪瘟荧光抗体病毒中和试验、猪瘟中和试验方法）结果阳性，或病原学诊断中某一项（病原分离与鉴定可用细胞培养法、猪瘟荧光抗体染色法、兔体交互免疫试验、猪瘟病毒反转录聚合酶链式反应；猪瘟抗原双抗体夹心 ELISA 检测法）结果阳性；当确诊免疫猪时应符合以下条件：①疑似猪瘟；②病原学诊断中某一项 [同非免疫猪确诊时的（2）] 结果阳性。

七、猪瘟的防治措施

1. 猪瘟的净化措施

在有条件的猪场，应制定合理的猪瘟净化方案，对免疫后抗体阴性或抗原检测阳性种猪及时淘汰，最终将猪群带毒率降到最低。当前，用于在活体组织中鉴别猪瘟病毒的毒力强弱的诊断方法正在成为可能，基因序列分析发现，猪瘟疫苗株（HCLV，C株）与 Semen 株（石门株）E2 基因主要抗原编码区序列中分别有 10 和 16 个限制性内切酶酶切位点，可用来鉴别两种毒株。这些诊断方法的标准化，必将大大提高猪瘟净化的效率。最重要的是养殖者在防控理念上不要仅流于形式。

2. 淘汰可疑带毒母猪

在没有长期检测条件的猪场，可以考虑根据母猪生产性能和所产仔猪健康状态进行有选择地淘汰，此时详细的生产显得尤为重要，凡有以下情况时，养殖者必须考虑以猪瘟为首的病毒性疾病，及时进行实验室检测确诊，对母猪进行淘汰。

（1）**临床症状** 种猪群为代表的各猪群亚群出现以颈部背侧

铁锈色（或红色）渗出物及结痂；在群体应激或药物作用下皮肤出现低比率的针尖大小出血点；母猪出现繁殖障碍，如长久不发情、屡配不孕、返情、安静发情、流产、死胎、木乃伊胎、所生仔猪大小不齐；哺乳仔猪被毛无光泽或粗糙；生后 7 日龄内仔猪平均体温 38.7～42.0℃ 间，神经症状，腹部皮下有黑色或红色粟粒大小出血点，腹股沟淋巴结稍种、呈黑色，排黄色稀便而使用任何药物均无确实稳定疗效；断奶后仔猪在某一生长阶段出现一过性生长速度低，状态不佳，腹股沟淋巴结肿大，此类情况多集中在 40～120kg 的生长阶段；结膜炎，有明显的白色分泌物；耳尖干性发绀，坏死区与周围界限明显；急性病例体温升高到 41℃ 或更高，5～7 天或更长时间后出现干性粪便或粪球，在粪球外包有白色伪膜；慢性病例耳、颈、腹下、尾、臀等处出现紫色淤点或斑；公猪包皮积尿，尿液混浊或其中带有尿沉渣；群体发病中后期，低比率患猪出现神经症状，此时眼结膜潮红，多发于 30～75kg 体重患猪。

（2）剖检变化 当有以下病理剖检变化时应怀疑到有猪瘟发生的可能：肾脏麻雀蛋样出血点或斑，脾脏边缘出现梗死灶，全身淋巴结出现出血及肿胀；慢性病例回肠末端、盲肠和结肠常见白色或黑色"纽扣状"溃疡灶，回肠、盲肠和结肠黏膜出现向腔肠突出的、中间呈火山口样凹进的白色、直径 1～3cm 的散在圆形溃疡灶；皮下红色或黑色密集出血点；全身浆膜、黏膜、心脏、膀胱、胆囊、扁桃体、会厌软骨有出血点或出血斑。

3. 选择有效的体外杀灭病毒方法

依据猪瘟病毒的理化特性，可以选择有效的体外杀灭病毒方法，如猪瘟病毒不耐热，56℃ 60min 可灭活，60℃ 10min 完全丧失致病力。自然干燥条件下病毒易于死亡，污染的环境如保持充分的干燥和较高的温度，经 1～3 周病毒可失去传染性，因此炎热季节该病的发生率较低；我们可以通过器具的火焰消毒、对器具暴晒、敞圈让阳光充分进入等方式对环境中的病毒进行杀灭；猪瘟病毒的最适 pH 为 5.2，适宜的 pH 为 4～9，不能耐受 pH3，因此可以使用生石灰、火碱、草木灰、过氧乙酸等进行消毒；此外，猪瘟病毒在漂白粉、煤酚皂等溶液中能被很快灭活，尤其热溶液消毒效果更好；因为猪瘟病毒在适宜的条件下可以长期生存（如冷冻、潮湿、富含蛋白质条件、在香肠或腌肉中等），在骨髓中腐败较慢，因此在猪群生活的环境中要尽量保持环境的干净、干燥，对病死猪只应及时进行无害化处理。

4. 建立严格的生物安全体系

依据各场不同情况找出生物安全防范体系中的关键点进行重点建设很有必要。例如阻断流通环节病毒的传入、多点分散式小群饲养、猪群亚群分区饲养、设立病猪场等。

5. 选用质量优良的疫苗，应用科学的免疫程序

选用抗原含量高、无污染的优质疫苗可达到刺激猪群产生高水平特异性免疫抗体的效果，如选用 ST 疫苗等。应用的免疫程序必然要与猪群猪瘟的感染水平相当，而不能千篇一律，需要提醒养殖者在免疫过程中注意的是：①尽量不采用超前免疫的方案。因为在现场操作中发现进行超前免疫的仔猪群生长速率可能明显低于未进行超前免疫的仔猪。②操作中应经常更换针头或针管，以免交叉感染，疫苗要随使用随稀释，以避免其中的弱毒被环境因素灭活。③尽量避免在进行猪瘟免疫后的 14～30 天内再进行其他疫苗的免疫，以免影响两者的免疫效果。④尽量避免在孕期对母猪进行猪瘟免疫，而选择跟胎次免疫方案。⑤在猪病高发季节，可根据猪群情况增加猪瘟免疫次数。

6. 尽可能地消除免疫抑制性因素

笔者认为，当前尤其应重点控制的是霉菌毒素中毒和某些病毒性疾病（如猪繁殖与呼吸障碍综合征、圆环病毒Ⅱ型感染等）。

第十一章 猪的繁殖与呼吸障碍综合征

第一节 综述部分：国内猪繁殖与呼吸障碍综合征防治进展

猪繁殖与呼吸障碍综合征病毒（PRRSV）是"猪的呼吸系统复合征"最重要的钥匙病原，也是"猪繁殖障碍性疾病"中最主要的病原之一，作为2006—2007年猪"高热病"流行期间一种最可能的病原，被越来越多的关注。因此，我们认为有必要对国内在猪繁殖和呼吸障碍综合征防治方面的工作进行回顾。

一、历史沿革

本病最早出现于美国20世纪80年代末期，在当时被命名为"神秘的猪病（MSD）"。1987年美国首先有关于本病的报道，1990年9月，德国Munster报道了与MSD类似的病例后，欧洲其他国家就不断有类似的报道。1991年6月，荷兰中心兽医研究所的Wensvoort等首先分离到PRRSV，称之为Lelystad病毒（L株）。1992年，该病被正式命名为猪繁殖和呼吸障碍综合征。当前该病已呈世界性流行，传遍除澳大利亚、新西兰、瑞典、瑞士、挪威、芬兰六国外的世界各地。

在国内，业界一般称之为猪的"蓝耳病"，这是在20世纪80年代欧洲对当时不明原因的MSD众多命名中的一个称谓，因患猪经常被观察到耳等部位皮肤呈蓝色，但在北美发生该病时则无此现象。1991年我国台湾地区出现该病。1996年，郭宝清等首次自北京郊区某规模化猪场流产胎儿中分离到美洲型 PRRSV（CH-1a 株）。1997 年，孙颖杰等从北京某猪场的死胎中分离到 PRRSV-B13 株，后经赵耘、罗长宝等鉴定为欧洲型 PRRSV。

二、病原特性

PRRSV 属尼多病毒目，动脉炎病毒科，动脉炎病毒属，为单股、不分节段、正链、有 5′端帽状结构和 3′PolyA 尾的 RNA 病毒，分为 2 个基因型，即以 ATCC VR-2332 株为代表的北美洲型和以 L 株为代表的欧洲株。

基因组两端有病毒复制过程起调控作用的非编码区（untranslated region，UTR）：左端（5′）URT 长为 190～220 碱基，右端（3′）URT 长为 110～150 碱基；基因组有 9 个开放性阅读框（open reading frame，ORF）：ORF1a、ORF1b、ORF2a、ORF2b、ORF3～7。左端占基因组长度 3/4 的 ORF1 编码 RNA 依赖性 RNA 聚合酶（RNA-dependent RNA polymerase，RdRp）等病毒复制转录用非结构蛋白（Non-structural proteins，Nsp）。ORF1ab 蛋白可水解产生 13 个非结构蛋白（Nsp1a-Nsp12），9 个位于 ORF1a，4 个位于 ORF1b。Nsp2 具有水解活性，含有丝氨酸蛋白酶区。ORF1a 编码的水解酶可裂解 ORF2b 编码的非结构蛋白，后者不编码水解酶。

结构蛋白构成外观圆形、有囊膜的病毒颗粒。ORF5、ORF6、ORF7 分别编码的产物 GP5（E 蛋白）、膜基质蛋白 M、核衣壳蛋白 N 为病毒颗粒装配所必需的结构蛋白，GP5 是公认的中和作用相关抗原，6 个抗原决定簇中至少的一个线性决定簇与免疫保护有关，且具高度变异性，诱导产生晚期中和抗体。M、N 蛋白虽然在病毒粒子中含量较高，免疫原性强，但位于囊膜内部，所产生的抗体不涉及中和作用。M 蛋白与刺激 T 细胞增生有关；N 蛋白与基因分型有关，可在感染细胞中大量表达，诱导早期抗体产生，感染猪的免疫反应首先针对 N 蛋白，而后才是其他蛋白。

ORF5 和 Nsp2 是最易发生变异的基因，GP5 是产生主要中和抗体的抗原，但其抗原表位并非病毒免疫优势表位。PRRSV 变异中，因以 Nsp2 和 ORF5 基因的变异最大，对 Nsp2 基因和 ORF5 基因变异的分析在一定程度上可以反映整个病毒基因组序列的变异情况，Nsp2 是非结构蛋白，具有种特异性，与病毒对细胞或组织的嗜性和致病性密切相关。作为病毒主要结构蛋白的 GP5，参与细胞免疫、体液免疫，并可诱导细胞凋亡，病毒中和作用与 GP5 蛋白抗体效价呈显著相关。

由 ORF2、ORF3、ORF4 编码的 GP2、GP3、GP4 在病毒颗粒组装及激发机体免疫过程中的作用还存在一些争议，有人认为 GP2 和 GP4 蛋白在病毒粒子中含量低、免疫原性差，GP3 具有强抗原性，能保护仔猪免受病毒感染。除 ORF1 与 ORF2、ORF4 与 ORF5 外，PRRSV 结构蛋白编码框架之间有碱基重叠区，因重叠区的影响，可导致嵌合病毒失去感染性。重叠区为进一步解析单个结构蛋白基因的功能带来了困难，余丹丹等通过反向遗传操作成功分离了 ORF5 与 ORF6、ORF6 与 ORF7 间的重叠序列，并获得了两株突变病毒，为研究重叠序列在病毒繁殖周期中所起的作用打下了基础。

三、PRRS 与猪"无名高热综合征"

2006—2007 年年初，我国自南向北的猪"无名高热"席卷了众多猪场，最终我国官方将这场席卷全国范围内的疫情归因于以高致病性 PRRSV 为主要病原的疫病。但关于此次疫情的病原，至今专家学者仍众说纷纭。

童光志等自典型病猪组织中分离到已发生变异的 PRRSV，研究表明，变异的分子生物学基础是 Nsp2 基因编码的第 483 位和 535～563 位氨基酸缺失，由此认为高致病性 PRRSV 为导致这次疫情的主要病因。刘长明等的研究结果虽然支持了这一观点，但在试验猪中并未能复制出皮肤发紫、耳部发绀症状。而杨明娴等认为有些 PRRSV 毒株虽不具有高致病性 PRRSV 特征，但与后者在 Nsp2 和 ORF5 基因上有较高的同源性（达 95%～96%），致病性试验显示此类病毒也是"猪高热病"的重要病原，但现场中是猪瘟病毒（CSFV）感染加重了死亡。安同庆等通过对 GP5 的遗传变异分析后得出结论，高致病性 PRRSV 与参考毒株相比，处于一个相对独立的进化分支中，可能通过中和表位被糖侧链遮掩，产生"糖链遮蔽机制"来参与病毒的毒力增强和逃避机体免疫识别，从而为高致病性 PRRSV 为"高热症"主要病原提供了理论依据。但马静云等对某些高致病性 PRRSV 研究后认为毒株 GP5 蛋白氨基酸序列中的抗原表位并没有发生变异。

樊福好并不认为高致病性 PRRSV 是"高热病"的元凶。2007 年 1 月杨汉春认为我国蓝耳病阴性猪场几乎没有，猪群蓝耳病的感染率均很高，Nsp2 缺失株 3 年前就曾从猪场分离到，只有在猪群一点抵抗力都没有的情况下才可能发生如此大面积的疫情。而在 2005 年 5 月份就有关于 PRRSV 毒株 Nsp2 基因缺失的报道。这一事实与 3 年后才有"高致病性 PRRS"发生的事实在时间上形成强烈的反差，实在让我们对高致病性 PRRSV 是"高热病"主要致病因子难以理解。郝晓芳等认为此次高致病性变异株毒力增强是否与 Nsp2 基因缺失及缺失有关，还有待进一步研究。英国学者 S McOrist 指出，中国的高致病性 PRRSV 变异株，其病毒基因组 Nsp2 区域的突变在其他北美型毒株中也存在，是否由于 Nsp2 区域的变异而导致高死亡率还需要进行独立验证。徐国栋等认为猪瘟、霉菌感染及毒素中毒、流感、繁殖与呼吸障碍综合征、气喘病、附红体病。6 种病原在猪"无名高热"流行中起主导作用。毕祥乐等的调查结果支持了这一观点，认为病因多为混合感染。邵国青等则认为猪瘟病毒、细菌、高致病性 PRRSV 是三类最主要的元凶。

四、PRRS 流行趋势

当前，我国猪群普遍感染 PRRSV，猪群感染率高，持续带毒，流行范围广。国内研究者分离到的多数毒株在遗传学上与美洲株较近，具有美洲型缺失变异株的基因组特点，并可能同一地区的流行株在进化遗传树上分属数个不同亚群。

但现实中，欧洲型与北美洲型 PRRSV 毒株已同时在我国猪群中存在，并呈区域性流行。高志强等认为 B13 株就属于欧洲型。黄梅清等认为当前我国欧洲型 PRRSV 对保育猪没有致病力，但是否是疫苗株还需进一步鉴定。随后庄金山等证实，国内猪场潜伏感染欧洲型 PRRSV 与欧洲型 PRRSV 弱毒疫苗的使用密切相关，并在浙江宁波、福建检测到欧洲型 PRRSV，其基因序列与国内使用的 AMERVAC-PRRS/A3 弱毒疫苗株序列具有极高的同源性。因此，有理由相信，国内部分猪场存在的欧洲型 PRRSV 来源于 AMERVAC-PRRS/A3 弱毒疫苗株。

五、防治策略

1. 防治原则

杨汉春认为，在当前情况下，应以激发固有免疫为 PRRS 主要防治原则，"即使猪群感染了 PRRSV，只要能够把细菌性继发感染控制好，猪群的发病率和死亡率都会大大降低。因此如何控制猪群的细菌性继发感染是摆在我们面前的一个重要任务"。他建议使用具有免疫增强的抗应激制剂，就预防蓝耳病而言比打疫苗还有效，如果同时加强管理，注重营养，可能不打疫苗都能有效抵抗疾病的发生。国家首席兽医官贾幼陵表示："我国动物疫病防控长期依靠免疫，不利于消灭动物疫病"，暗示以后我国动物疫病防控方案中很可能有其他免疫并重的方式。

朱边德则认为，应以激发猪只适应性免疫为主要手段进行 PRRS 防治，他充分肯定了疫苗在防控猪蓝耳病方面的作用，并引用万遂如的研究结果进行了佐证，认为弱毒株疫苗不具有潜在危害，同时强调免疫程序很关键。但因弱毒疫苗引发安全问题的报道不在少数。

2. 疫苗免疫

防止病毒的持续感染已成为控制该病的最大障碍。此外，PRRSV的易变性、多毒株同时存在不容忽视，这也是疫苗免疫效果不确定的原因之一。另外的一个内在原因是免疫或感染后的抗体依赖增强作用（ADE）现象。

当前，国内主要以常规疫苗对猪群进行免疫，包括灭活疫苗及不同来源的弱毒疫苗。杨汉春认为活疫苗比灭活疫苗有效，但也不能完全控制猪蓝耳病，其效果因猪场而异，必须科学地利用。由于目前制苗毒株与流行株亲缘关系不是很好，导致其免疫效果并不十分理想。梁皓仪对当前常规市售疫苗进行抗体效价分析的结果竟然是某些弱毒疫苗根本没有产生抗体，而灭活疫苗的免疫效果很差。更不用说高致病性PRRS疫苗时有引发直觉上的医疗事故之嫌。尚未见有可区分疫苗与野毒抗原的诊断试剂用于临床、或评价疫苗与免疫保护关系的可信报道。

田志军等将高致病性蓝耳病PRRSV在MARC-145细胞上进行繁殖传代获得带有遗传标记的弱毒疫苗候选株，并进行了动物实验，效果良好。吴国军等成功致弱CH-1a株，以把握野生毒株变异的情况，这将有助于疫苗的研制和PRRS疫病的防治。

国内PRRS基因工程疫苗均处于研究阶段，主要研究方向为活载体疫苗和基因疫苗。如含N基因的禽痘病毒转移载体疫苗、用含有鸡β-actin启动子的高效表达载体筛选出含有结构蛋白基因ORF3、ORF5、ORF6基因质粒疫苗、含GP5的DNA重组质粒疫苗、真核表达质粒pcDNA3.1（＋）构建的四川株ORF5基因疫苗、M蛋白和金黄色葡萄球菌肠毒素A（SEA）共表达核酸疫苗等，都为研究PRRSV基因工程疫苗奠定了基础，但因某些条件所限，将其应用于生产实践尚待时日。

3. 药物防治

蒲秀英等证实金丝桃素具有多环节体外抗 PRRSV 效应，并呈剂量依赖关系，而金丝桃素的抗病毒机制与氧自由基对药物的激发有关。孙鎏国等以猪用干扰素对繁殖与呼吸障碍综合征患猪进行治疗能显著降低病猪死亡率。此外，PRRSV 高免血清可起到治疗和保护作用，亚中和水平抗体则因 ADE 作用的存在而对感染起促进作用。

综上所述，近十几年来，国内猪群 PRRSV 感染愈加普遍，疫苗免疫效果难以在实验室界定，药物疗效存在不确定性，仍未有一个确实、有效的防治原则适用于所有猪群。在理论与实践尚未有重大突破之前，充分掌握自己猪群所处的健康状态，细化防治传染病三环节（传染源、传播途径、易感动物），制定合理有效的精细化养猪方案，可能是当前养殖者的最佳选择。

第二节　防治部分：猪繁殖与呼吸
障碍综合征的防治策略

当前，猪繁殖与呼吸障碍综合征病毒（PRRSV）已普遍感染国内猪群，以其为主要病原的"猪呼吸道病复合征"和"猪繁殖障碍性疾病"时有发生，在 2006—2007 年全国范围内的猪"高热病"流行期间，该病原更是备受业界关注，PRRSV 感染造成直接或间接的经济损失不可估量，养猪成本直线上升。但到目前为止，该病的防治在理论与实践上均没有重大突破，因该病原的致病特性，很难找到一套确实、有效的防治方案适用于所有猪群，而近期在全国范围内实施"净化方案"是不现实的。作为养猪相关人员所能做到的，只能是在充分掌握猪群所处健康状态的基础上，强化防治传染病三环节（传染源、传播途径、易感动物）中的关键点，由此制定合理有效的精细化养猪方案，以避免 PRRS 的发生；当猪群发生 PRRS 后，应及时根据发病态势制定处置方案。在此，笔者就临床实践中对 PRRS 防治的点滴体会总结如下。

一、预防中的几个关键点

1. 充分了解猪群健康状态

运用各种诊断方法，充分掌握猪群中各亚群主要疫病病原感染情况，如猪瘟（CSF）、猪繁殖与呼吸障碍综合征（PRRS）、猪支气管肺炎（MPS）、伪狂犬病（PR）等，做到"知己知彼，百战不殆"，对免疫不合格者要及时补免，对反复免疫不合格者要及时查找免疫失败的原因，并通过病史记录，界定流行于猪群中的病原属于强毒株、中强毒株还是弱毒株，依流行于猪群中的主要病原致病特性来制定有针对性的防控措施。对每头病死猪都应及时查找病因，做到有病必究、追根溯源。对于 PRRS，因血清抗体水平不能反映出野毒感染情况或疫苗免疫效果，更不能区分经典毒株或变异株。因此，定期采样进行病原学检测很有必要，若结合猪群生产性能，便可对猪群中 PRRS 感染状态及预后进行科学全面的评价。

2. 标准化管理很重要

总结发生 PRRS 猪群的教训，并和虽有 PRRSV 感染，但不曾发病的猪群进行对比发现，绝大多数发病猪群在发病前相当一段时间内所处的饲养管理状态曾出现过严重失衡。看来，在当前条件下，使猪群的饲养管理条件达到标准化，以此提高猪群的免疫力和生产性能，是防治 PRRS 发生的一个重要环节。

标准化饲养管理的基本点包括：①保持猪群生长环境相对恒定。如育肥猪温度在 $14\sim26℃$、湿度在 $50\%\sim70\%$。②合理的密度。③饲料营养全价，霉菌毒素不超标。④舍内空气中飘浮的尘埃与毒素颗粒保持在低水平，保温与通风相结合。⑤没有贼风和超标的有害气体（如氨气、硫化氢等）。⑥建筑设计要合理，冬暖夏凉，尤其冬季保暖效果好，避免地面粗糙、泥泞、潮湿。

⑦控制寄生虫。⑧制定合理的免疫程序。⑨有条件的规模化猪场要建立"次级病猪场"。⑩单元式、全进全出式饲养。⑪闭锁式或半闭锁式育种。⑫技术人员与饲养人员的素质与责任心。

3. 场外引猪要格外慎重

猪瘟作为 20 世纪末期自国外引种带入的一种"新病"和"洋病",如今虽已在全国范围内呈普遍感染趋势,但鉴于 PRRSV 毒株的多样性,具体到一个猪场而言,可能场内流行一种或数种毒株,但猪群对流行株呈自然感染状态,猪群与病毒间处于一种相对平衡状态,全群不表现症状或不暴发疫情,养殖者进行养猪生产仍有利可图。自场外盲目引猪的后果,可能引入新的毒株,从而短期的风险是猪群在感染大剂量"新毒株"后发病、或作为种猪出现繁殖障碍、或产出先天性病毒感染的仔猪。长期的风险是因多毒株在同一场内进行重组、变异,导致病毒变种的产生,最终可能毒力增强,猪群暴发猪瘟。

因此,自场外引猪前要充分调查所购猪群的近期情况,不要受近期生猪价格的左右。引入后要分群饲养,种猪要进行 1.5～2 个月的并群前隔离与驯化,在此期间有条件的场应对引进猪进行 2～3 次病原学或血清学检测。

盲目引猪可能遇到的以下三种情况:①种猪场近期内有严重的 PRRS 发生,但出于利益目的仍向外部销售带毒后备猪。②猪场近期内有严重 PRRS 发生,为转移、减少损失,大量外销各类猪群。③防疫不完善的小养殖户向外销售带毒猪只或不法商贩倒卖病猪。上述三种情况往往导致养猪失败,而近来这些情况不乏其数,最终受害者多是养猪产业链下游中的那些信息滞后、养殖经验不足的弱者。

4. 强化人工授精站的疫病监测

人工授精有很多值得推广的理由,在此不必赘述。但精液带毒现象不容忽视,它已成为 PRRSV 传播中的一个重要途径,"公猪好,好一坡"的优势可能会变成一头带毒公猪感染多头母

猪的恶果，何况国内已有自种公猪群中检测到隐性高致病性
PRRSV 的报道。定期对人工授精站的种猪及其产品进行病原学
检测，乃致形成一套行之有效的规范很有必要，显然，这是兽医
主管部门所应面对的。当前购买精液的养殖者应做到的，是购买
前充分调查所要使用精液的质量，并做好详细的配种记录，以备
将来对所用精液质量进行系统地评估。

5. 科学使用疫苗

PRRSV 的易变性、多毒株同时存在是疫苗免疫效果不确定
的原因。该病毒具有超强逃避或调控机体免疫监视的能力，使现
有疫苗难以形成效力保护，体液免疫产生的保护性抗体要延迟
4～6 周的原因有二：①多糖侧链的遮蔽机制。②诱骗表位诱导
产生的非中和抗体和感染初期产生的 N 蛋白抗体一同发挥的抗
体依赖增强作用（ADE）；细胞免疫反应的产生也将在感染后第
4 周才可检测到。由此看出，单凭某类疫苗就能完全控制 PRRS
发生的做法只是螳臂挡车。

国内猪群主要以常规疫苗对猪群进行免疫，包括灭活疫苗及
不同来源的弱毒疫苗，而各类基因工程苗均尚处于研究阶段。灭
活疫苗安全，但产生的免疫力较差，激发的免疫反应不完全；弱
毒疫苗虽然激活的免疫反应较完全，能模仿自然感染状态，但潜
在的毒力返强问题，加之残存毒力仍有可能会对亚健康状态猪群
造成肉眼可见病变的现实，让更多有识之士更加慎重地评价使用
此类疫苗的利弊。对规模化猪场的病史进行调查后发现，使用弱
毒疫苗 6～9 个月后出现"疫苗造病"现象的占 63.5%。针对现
状，笔者认为，不同的猪场，要依本场猪群具体情况科学地利用
以上两种疫苗，原则是在疫情稳定的猪场使用灭活疫苗，但要优
化免疫程序，加大免疫剂量次数，同时注意免疫后可能出现的
ADE（抗体依赖增强作用）作用，并随时观察猪群中 PRRS 流
行动态。在 PRRS 发病严重的猪场，或选择清群后重新培育种
猪群，或以弱毒疫苗进行免疫。关于弱毒疫苗的使用，笔者认

为，不论哪一生物制品厂生产的疫苗，其对 PRRS 的防治效果和潜在的危害，应在相当长时间（2～3 年或更长时间）的田间试验中方能加以印证，夸大的广告、盲目地使用是极不科学的。在免疫过程中，免疫程序的确定要依本场猪群各亚群发病特点进行，不能千篇一律地"一刀切"。

6. 积极防控共感染疫病

多数在一线从事猪病防治工作的专家都认为，其他病原的协同作用导致了 PRRS 病情进一步加重，如具有免疫抑制作用的病原（CSFV、PRV、Ⅱ型圆环病毒、支原体等）、继发于 PRRS 的病原（如副猪嗜血杆菌感染、传染性胸膜肺炎），因此做好 CSF、PR、PMS 的免疫、通过添加药物或免疫来控制细菌性病原的传播，有条件的养殖场定期进行主要疫病免疫效果检测，查找免疫漏洞，可明显降低 PRRS 带来的损失。

二、药物性治疗

发生 PRRS 后，应当先依农业部颁发的"高致病性蓝耳病防治技术规范"进行判断，凡发生高致病性蓝耳病者，要按"规范"进行处理。否则，应及时对猪群进行救治。

1. 抗微生物西药

抗病毒西药在畜牧生产中已禁止使用，如病毒灵、病毒唑、金刚烷胺、金刚乙胺等。在先期的治疗性试验中，以上药物在猪群发病后作为一线药物并不能表现出明显的、特定的疗效，而因病毒唑等药物的盲目滥用导致猪群群发性中毒的案例不在少数。免疫抑制和药物中毒的协同作用将使发病猪更加预后不良。

在病程中、后期使用抵抗肺部细菌感染为主的抗生素可明显提高患猪成活率，如氟苯尼考、罗红霉素、环丙沙星、庆大小诺霉素、阿米卡星等，但给药方式应首选注射，因患猪食欲不佳，拌料难以达到有效血药浓度。需要指出的是，在 PRRS 发生后盲目应用头孢类药物，大量、连续给药致使猪群中毒的病例有所增多。

2. 植物性药物

市售的植物提取性药物，严格地讲并不具备"中兽药"这一概念的条件，不属于中兽药，如金丝桃素、黄芪多糖等，在预防性给药中有一定的作用，但发病后的治疗效果不稳定，甚至无效。

3. 生物制品类治疗药物

有报道，猪用干扰素治疗能显著降低 PRRS 患猪死亡率，但病情的复杂性降低了该类药物的疗效，临床反馈结果表明，该类药物在发生病毒性疾病的早期及时应用有一定疗效，病程中后期并无明显疗效。

PRRSV 高免血清可起到治疗和保护作用，其中和水平抗体则因 ADE 作用的存在而对感染起促进作用，当前市场上确有一些声称"高免血清"，甚至冠以"进口单克隆抗体"的药物在流通，稍有免疫学常识的兽医就能识别这类假药。而现实中在国内大面积使用真正的高免血清需要付出昂贵的代价，得不偿失。

猪繁殖与呼吸障碍综合征受体对病毒的黏附阻断作用使之成为一类潜在的治疗性药物，如清道夫受体、硫酸乙酰肝素性物质、唾液酸黏附素等，但其距离商品化市场流通还尚待时日。

4. 以中兽医的理念来防治猪繁殖与呼吸障碍综合征

传统医学中"不治已病治未病"、"未病防病，既病防变"的观念，始终贯穿着中兽医学的诊疗全程，相当于现代动物传染病学的"防重于治"、"早、快、严、小"等理念。在治疗上更注重个体治疗，讲求审因辨证而治，这与西兽医学中对群发性经济动物疫病以抗微生物药物（如抗病毒性药物）进行处理的"傻瓜"疗法截然不同，因此在发生 PRRS 而束手无策时，以中兽医学方法进行诊治起到了"两条腿走路"的作用，甚至有时会收到意想不到的疗效。

猪繁殖与呼吸障碍综合征当属中兽医学"疫疠"范畴，但仍可从辨证施治的角度去看待、防治。"方随法立"、"医不执方"的原则要求临床兽医要有深厚的理论功底和丰富的临床经验，可从八纲辨证角度去认知它，并根据病邪特性及患猪征候综合分析，通过辨证结果进行预后、治疗。

具体到猪繁殖与呼吸障碍综合征的中兽医疗法，我们曾多次通过临床试验探求最佳组方，更对中医理论的理解有所心得，深感其具有的实用价值：

（1）在寒冷季节，猪群发病多因风、寒、湿三邪，用药当以麻黄汤、桂枝汤、葛根汤合银翘散、三黄汤、小柴胡汤等为主方；炎热季节，多因暑、湿二邪而发，当以银翘散合香薷散或黄连解毒汤等为主方。当然，要根据患猪的病程及症状进行有侧重点的加减组方，如冬天发病中后期患猪不表现扎堆而皮肤发红者，说明病邪以发生循经传变，由表及里，病证亦随之而变，治则也要随之而变，此时应注意"合病"或"并病"的治疗，同时少用或不用温热药物。

（2）在某些病例的治疗性试验中，我们利用某些在现代药理研究中认为具有免疫调节作用的中药相佐配方，并不使用任何西药便可在3～7天内将具有"高热征"的患猪体温逐渐降至正常，恢复食欲，最终康复，有时治愈率甚至可达100％，操作简便，治疗费用低；缺点是炎热季节药效不确定，但至少为猪繁殖与呼吸障碍综合征防治研究提供了新的思路：不使用抗病毒性药物，通过抑制免疫系统某些亚群免疫细胞的增殖，激发其他某些亚群免疫细胞的增殖，进而调节机体与病毒间的互作，最终达到治疗目的。

（3）我们曾以穴位注射水针（以大青叶、蟾酥、冰片、连翘等为主的中成药的方法进行试验性治疗，注射穴位有身柱、苏气、六脉、肺俞、膻中等，并与肌内注射进行对比，在疗效上，两者并无显著区别，究其原因，可能是穴位注射根本无效或以上两类药物对猪繁殖与呼吸障碍综合征治疗并无显著效果，由此我们推断当前情况下猪繁殖与呼吸障碍综合征并不适于用市售针剂进行穴位注射治疗。

（4）实践证明，虽然猪繁殖与呼吸障碍综合征病情复杂、病期缠绵，但只要有耐心坚持治疗，调理好患猪的内外环境，绝大多数进行早期合理治疗的病猪都有望治愈。

魏征在《谏太宗十思书》中曾说："求木之长者，必固其根本；欲流之远者，必浚其泉源；思国之安者，必积其德义。源不深而望流之远，根不固而求木之长，德不厚而思国之安，臣虽下愚，知其不可，而况于明哲乎？"，《素问·四气调神大论》也曾有云："是故圣人不治已病治未病，不治已乱治未乱，此之谓也。夫病已成而后药之，乱已成而后治之，譬犹渴而穿井，斗而铸锥，不亦晚乎？"，由此，难道我们不能由此悟出日常预防在PRRS防治中的重要性吗？

《素问·阴阳应象大论》还指出："邪风之至，疾如风雨，故善治者治皮毛，其次治肌肤，其次治筋脉，其次治五脏。治五脏者，半死半生矣。"孙思邈在《大医精诚》中也曾讲："……今病有内同而外异，亦有内异而外同，故五脏六腑之盈虚，血脉荣卫之通塞，固非耳目之所察，必先诊脉以审之……唯用心精微者，始可与言于兹矣。今以至精至微之事，求之于至粗至浅之思，岂不殆哉？若盈而益之，虚而损之，通而彻之，塞而壅之，寒而冷之，热而温之，是重加其疾，而望其生，吾见其死矣"。由此，难道我们不能悟出治疗猪繁殖与呼吸障碍综合征的某些原则吗？

第十二章　猪传染性胃肠炎的
防治策略

猪传染性胃肠炎（TGE）是我国规定的三类动物疫病，由猪传染性胃肠炎病毒（TGEV）引起。与 20 世纪 90 年代初相比，本病在国内猪群中的流行范围日趋扩大，流行特点也发生了相应变化，因本病对猪群造成的危害逐渐显露出来。笔者认为，采取综合防治措施，能将本病带来的损失降到最低，在此，就本病防治的体会总结如下：

一、病原学与致病特征

猪传染性胃肠炎病毒属尼多病毒目、冠状病毒科、冠状病毒属，含有一个大的、多腺苷酸、单链、正股基因组 RNA。猪传染性胃肠炎病毒是导致猪腹泻的病原，而猪呼吸道冠状病毒（PRCV）则是导致呼吸衰竭的猪传染性胃肠炎病毒变异株，通过核酸序列分析，此两者的全部核酸和氨基酸序列有 96％的同源性，证明猪呼吸道冠状病毒是由猪传染性胃肠炎病毒进化而来，但它是通过大量的独立因素刺激所造成的。猪传染性胃肠炎病毒的 S 蛋白（spike，表面糖蛋白）具有血细胞凝集现象，用唾液酸处理的猪传染性胃肠炎病毒可增强其血凝性，这种血凝活性位于猪传染性胃肠炎病毒的 S 蛋白 N 末端，而 PRCV 的 S 蛋白缺少这一部位。因此，根据有无血凝性可区别 PRCV 和猪传染性胃肠炎病毒毒株。而这两株病毒不能以病毒中和（VN）试验区分。最近引起人的肺肠炎的严重急性呼吸综合征（SARS）暂时被归于冠状病毒Ⅳ群，被认为是一种人畜共患病，但它的基因和猪传染性胃肠炎病毒相差很远，其确切的动物宿主仍不清楚。目前已知猪传染性胃肠炎病毒只有一种血清型，该病毒对冷冻稳定，在室温或室温以上不稳定；对光敏感，一般消毒剂均可将其灭活。猪传染性胃肠炎病毒在肠道、呼吸系统组织、肾脏组织增殖，最主要的部位是空肠，最终导致绒毛变短，而回肠的病变稍轻，十二指肠通常不发生变化。病猪致死的最终原因是食物不能被消化吸收、脱水、代谢性酸中毒、高血钾症引起的心脏功能异常。

二、流行病学

1. 具有高度接触传染性

主要经粪便传播，在猪群（或地区）中呈明显的传染性，从一个猪群（或地区）传到另一个猪群（或地区），短时间内迅速传遍全场（或地区），传染源可能是新引进的带毒猪群或是本场发病的猪群，猪传染性胃肠炎病毒也可经人员、车辆、鼠类等携带从而引起易感猪发病。近年来，有时对发病猪场进行发病原因的调查，并不能找到由外界病原传播到本场的证据（如外来车辆的进入、场外从业人员的进入等），唯一合理的解释是猪群隐性感染后在适当条件下发病，从而引起疫情的暴发。

2. 流行的季节性明显

本病的发生具有明显的季节性，多在每年的 11 月份开始到次年的 5 月份结束。在寒冷季节本病多发，其原因与我国大部分地区处于北半球温带气候有关，此期间天气寒冷、温度偏低、紫外线不强、光照时间短等气候因素均有利于病毒的存活与传播。虽然在其他月份也有本病的零星发生，但病情轻、流行范围较小。

3. 流行时间延长、有周期性、症状减轻

多年来，在有本病流行的地区（场），当再次发生流行时，该病在猪群中的流行时间延长了，有时甚至在某些猪群中的流行

期长达 20 天以上。原因：

（1）本地区（场）加强了对该病的防治措施，如加强饲养管理、消毒、寒冷季节禁止外人或车辆随意往来、发病后及时诊治等，使猪群处于较好的非特异性免疫状态，发病后对病原体的"围追堵截"使传播进程放缓，但不能完全阻止病毒的传播。

（2）猪群的特异性免疫状态使病程延长，症状减轻。在秋末经猪传染性胃肠炎-流行性腹泻二联疫苗连续 2 次免疫的猪群、经过多次免疫的母猪群、感染发病痊愈的各类猪群，在短期内的特异性免疫状态使它们免于野毒的攻击，但也存在疫苗种类的缺陷，免疫后特异性免疫水平不能完全保护野毒的攻击，特异性免疫力参差不齐，随时间的推移特异性免疫水平（疫苗免疫猪、感染痊愈猪）有所下降等负面因素，若此时有大量野毒存在于猪群生活的环境中，必定会出现此起彼伏、症状有轻有重的波浪样发病过程，那些没有特异性免疫力或特异性免疫状态低下的猪只先发生腹泻，这些病猪不断排出含有大量病毒的粪便后，病毒不断感染了那些特异性免疫力较差的猪只，随"敌我"双方争斗的加剧，最初特异性免疫力处于临界态的猪只也发生了腹泻，这种情况循环往复，直至猪群中的大部分猪被感染，但对患病猪个体而言，症状轻于那些缺乏特异性免疫力的病猪。从这种情况看，必然会出现在某个地区或猪场，本病流行时间延长、有周期性、症状减轻的现象。这与 20 世纪 90 年代初猪群发生本病 5～7 后基本流行结束、病猪或死亡或痊愈的情况有着明显差异。

（3）病毒与猪群长期不断相互适应的结果。从生物进化角度讲，一个成功进化的物种，必然能很好地与其生活环境中的其他物种相适应，最终达到更好地生存与共存。猪传染性胃肠炎病毒也不例外，必然不会将其借以生存的宿主（猪）全部致死。双方适应的结果，应该是多数 TGEV 向中低毒力进化，最终致死的只是那些免疫力差、有其他潜在疾病素质的猪群。

4. 地方流行性

地方流行性是指本病和本病毒在一个猪场持续存在。在国内猪群，造成这一现象的最主要原因不是经常引进的易感猪，而是本场新生仔猪在某一阶段对猪传染性胃肠炎病毒有易感性。

5. 死亡率因猪群而异

仔猪发病率高，哺乳仔猪感染后死亡率可高达 90％以上，15 日龄内的仔猪病死率几乎达 100％，原因是迅速脱水而来不及调节自身的水液平衡，稍大日龄哺乳猪群通过治疗与精心护理可使病仔猪成活率达 70％以上，但这只是少数病例；断奶至 20kg 的仔猪，病死率在 10％～90％；体重稍大的猪，如无其他疾病并发，病死率不高。

6. 其他疾病继发或并发情况增多

在发生猪传染性胃肠炎时，本来潜在于猪群中的其他病原体会乘机增殖、致病，如存在于猪群中的条件性肠道致病菌、呼吸道病原体等，在临床中多见的并发疾病有仔猪副伤寒、水肿病、增生性回肠炎、结肠小袋纤毛虫感染、猪瘟、蓝耳病、传染性胸膜肺炎、副猪嗜血杆菌感染等。这些疾病的存在使病情复杂化、迁延不愈、预后不良的比例增加，腹泻病愈的猪群中不时有生长不良、死亡病例的出现。我们应正视这种滞后效应带来的危害，发生猪传染性胃肠炎时，仔细鉴别可能并发的疾病，积极防治共感染对治愈猪传染性胃肠炎很重要。

三、症状与病变

直肠温度偏低至 37～38.0℃，部分病猪体温先短期升高而后降低，厌食、呕吐、拉水样便，严重腹泻者呈喷射状，后变为灰绿色粥样便，气味恶臭，如无继发感染则粪便逐渐转变为无恶臭味，5～10 天后转归死亡或痊愈。病死猪眼球深陷；仔猪胃内充满凝乳块，胃底腺区充血、出血；小肠壁菲薄呈半透明样，肠腔扩张，肠内有大量充盈的无色、或奶样白色的液体内容物，时有黄绿色或白色卵清样物质夹杂其中；肠系膜血管扩张，肠系膜淋巴结肿胀；个别猪有肠套叠发生。

近年来发现一种较特殊类型猪传染性胃肠炎的症状是：当猪群中有猪传染性胃肠炎流行时，那些免疫过的、或很久前发病病愈的猪群（尤其是种猪群），症状仅表现为长时间的厌食，这类猪群出现呕吐的比例在 5%～15%，发病 4～7 天后排干粪球，有 10%～20% 的病猪在排干粪球过程中夹杂恶臭的粥样便，对于每头病猪而言，粥样便在整个病程中只出现 1～2 次。这种病型对怀孕母猪危害最大，因便秘导致各种毒素在体内的堆积所产生的危害通常在不食 5～7 天后显露，最终可能导致长期厌食、流产、衰竭、死亡。

四、实验室检查

1. 病理组织学检查

小肠（尤其是空肠）黏膜上皮细胞变性、脱落。

2. 其他方法的检查

较实用的方法主要有免疫荧光抗体试验、酶联免疫吸附试验、微量中和试验、间接血凝抑制试验、RT－PCR 等。

五、诊断与鉴别诊断

依流行特点、临床症状不难作出诊断，确诊要进行实验室检查。需要进行鉴别诊断的疾病有：流行性腹泻、轮状病毒感染、呼肠孤病毒（Ⅰ型）性腹泻、仔猪副伤寒、大肠杆菌性腹泻、猪痢疾、霉菌毒素中毒、药物中毒、饲料中某些成分过多造成的腹泻等。

六、防治策略

积极预防本病，不应简单地认为疫情在周围地区发生后仅封闭式管理即可防止疫病的发生，防治原则应是封闭、隔离、消毒、免疫等措施相结合。

1. 预防方案

（1）**严格的生物安全措施**　发病猪群和未发病猪群的饲养人员要分开工作，生活、生产用具分开使用。注重地面、通道的消毒。

（2）**疫苗免疫**　猪传染性胃肠炎病毒的疫苗分为常规疫苗和基因工程疫苗，常规疫苗包括灭活疫苗、弱毒疫苗。目前国内外使用较多的是灭活疫苗，弱毒疫苗仅局限于美国的 EG‑Vac 株、匈牙利的 CKP 株、日本的 TO‑163 株，近年来没有得到深入研究。基因工程疫苗包括亚单位疫苗、基因缺失疫苗、重组活载体疫苗、合成肽疫苗、转基因植物疫苗等，尽管基因工程疫苗已显示出良好的免疫原性，但大都处于起步阶段，还有许多的问题亟待解决，例如采用的免疫方案、免疫机制研究、安全性等。鉴于猪传染性胃肠炎病毒是一种肠道传染病，病毒感染有明显的肠嗜性，通过口服疫苗免疫，激发肠道黏膜免疫，特别是 sIgA 的产生是预防该病的理想途径。国内商品化的疫苗是灭活疫苗，建议每年秋节或当周边地区发生疫情时，连续 2 次、间隔 15～30 天对种猪群进行 TGE、或 TGE‑PED 二联疫苗免疫。实践证明，免疫后的猪群即使发病，也是症状轻微、病程缩短、病死率低。

2. 治疗方案

（1）**加强饲养管理**　包括保温；保持舍内的清洁卫生；给予全价、优质饲料等。

（2）**使用生物制品**　对已受疫病威胁的猪群进行紧急防疫，注射疫苗。可选用猪传染性胃肠炎灭活疫苗、猪传染性胃肠炎‑流行性腹泻二联灭活苗进行免疫；对受威胁的哺乳仔猪，紧急使用高免血清肌内注射、以康复猪血清或全血口服有预防效果。

（3）**防止脱水死亡**　全群给予充足的饮水，在饮水中加入口服补液盐，全天饮用。

（4）**缓解肠道持续性异常蠕动**　发病 2 天后，缓解肠道持续性异常蠕动或痉挛可使用的药物是：①阿托品、地芬诺酯、山莨菪碱等进行注射。②粉碎或煎汤的罂粟壳口服，这种疗法对断奶后仔猪有高疗效。

（5）**强心、调节胃肠植物性神经功能** 安钠咖（或樟脑磺酸钠）、维生素 B_1，各等份，混合后肌内注射，每天 2～3 次。这种疗法对体重 25kg 以上的猪有高疗效。

（6）**使用具抗病毒作用的植物性药物** 肾腧、后海穴注射鱼腥草、穿心莲等具抗病毒作用的植物性药物。

（7）**涩肠止泻** 使用炒高粱面、活性炭、鞣酸蛋白、杨树花提取物，经消化道给药。

（8）**防止继发感染** 如果猪群发生该病时仍有其他疫病的存在，将使该病对发病猪群造成更大的危害。为防止继发感染应在饮水中有选择地投予预防量广谱抗生素，如恩诺沙星、氟苯尼考等。

（9）**使用中药方剂口服** 可依发病程度选用理中汤、真武汤、四逆汤等进行灌服，能显著提高仔猪群的成活率。在发病初期，可使用理中汤；当病猪出现消瘦、耳鼻及四肢不温、臀及末梢部位发绀时使用真武汤、四逆汤；出现不食、长久便秘时可试用笔者自拟的"滋阴调气汤"。

理中汤方为太阴经病而无表症时所使用的方剂，50kg 体重猪的用量为：人参（党参）、干姜、甘草、白术各 30g，煮沸30～50min 后候温灌服。方中干姜温中散寒，甘草、白术健脾和中，四药合用则有温中祛寒、益气健脾之功，可以治疗中焦虚寒；真武汤为少阴病所使用的方剂，50kg 体重猪的用量为：茯苓 23g、芍药 23g、生姜 23g、白术 15g、附子 23g。方中附子回阳祛寒，白术、茯苓健脾利水，生姜温散水气，芍药和阴敛阳。诸药合用具有温中祛寒、健脾利湿之效。四逆汤方为少阴病所使用的方剂，50kg 体重猪的用量为：熟附子 25g、干姜 25g、炙甘草 15g。附子回阳祛寒，干姜温中散寒，甘草和中补虚，姜附同用，回阳、温中之力更强。滋阴调气汤适用于"气多血少"型的猪传染性胃肠炎病猪（尤其是怀孕母猪），组方是：北沙参 36g、麦门冬 21g、白术 12g、陈皮 12g、厚朴 12g、炙甘草 16g、干姜 8g。北沙参性甘凉，入肺、胃经，以养肺胃二阴，使生津有源；麦门冬甘微苦，入肺胃心经，以清心润肺、养胃生津，消除阴虚内热；白术甘苦温，入脾胃经，以补脾益气；陈皮辛苦温，入脾肺经，以理气健脾、燥湿化痰；厚朴苦辛温入脾、胃、大肠经。行气燥湿、降逆平喘；干姜辛温入心、脾、胃、肾、肺、大肠经，以温中散寒，回阳通脉；炙甘草甘平微温，入十二经，补中益气、清热解毒、润肺止咳，缓和药性。诸药合用，以生津补血，血为气母，血液充盈，气有所依，气机顺畅，升降有序，则病必愈。

第十三章　猪水肿病的发生
与防制策略

水肿病（ED）是一种由某种定植于小肠的大肠杆菌引起的传染性肠毒素血症，这种大肠杆菌能产生一种侵入血流并破坏血管壁的外毒素。因为胃黏膜下和结肠系膜的水肿是此病的主要特点。因此，将此病称为"水肿病"和"肠水肿"。近年来该病常有发生，我们认为有必要重新审视该病，以期指导生产实践。

一、病原与特性

猪水肿病是由具有某种黏附因子并能产生一种或多种外毒素的大肠杆菌菌株引起，这些黏附有限的几种血清型，在一定的区域内，血清型与一套相当恒定的黏附因子和毒素紧密相关。如 O_{139} 携带菌毛变体 F18ab 的情况相当普遍，从澳大利亚分离的这一血清型常引起 PWECD（断奶后大肠杆菌性腹泻），从欧洲分离的则可诱发猪水肿病。产毒菌的分离与鉴定中，菌毛型主要有为 F18ab、F18ac、F6（987P）、F5、和 F4 的菌株等；O 抗原有 O_{141}、O_{139} 等；水肿病毒素，即类志贺毒素（SLT - Ⅱe），别名又称 Vero 细胞毒素、水肿病因子、神经毒素、血管毒素。

二、流行病学

1. 感染率与发病率间有很大差异性

在猪群中，感染率与发病率间并不存在平衡关系，这与日常的药物性预防及条件性致病菌致病特性有关。例如，在一感染率高达 81.3% 的育肥猪群，如果使用药物性预防方案，并尽可能减少导致本病发生的诱因（如断奶性腹泻、维生素 E 及硒缺乏、预混料接近保质期限、传染性胃肠炎的发生、着凉等），发病率可在某一时期内下降到零。

2. 发病猪群范围的改变

调查发现，发病猪群的范围已经打破经典的水肿病定义，不仅仅发生在断奶后仔猪，未断奶仔猪、体重超过 75kg 育肥或后备猪、种猪在某种特定条件下均会发病，这种特定条件是：①猪群中有致水肿病的大肠杆菌菌群是该病流行的先决条件。②导致水肿病的诱因存在，其中最主要的是各种病因导致的长时间腹泻。

3. 传播方式

主要有灰尘、饲料、运输工具、引入带菌猪、清粪工具带菌等。

4. 地方流行性与在猪群内的定居性

一旦猪群中有水肿病流行，对该病进行净化是十分艰难的。

5. 腹泻与水肿病的关系

在被致病性大肠杆菌污染的猪群，凡能导致腹泻的病因，最终都有导致水肿病发生的可能。

6. 限饲与降低水肿病的关系

对有水肿病流行的猪群进行断奶后 7～11 天、22～28 天进行限饲试验，结果发现水肿病的发病率明显降低。

三、发病机制

与致病菌吸附、定植相关的因素有以下七点：①定植吸附在猪小肠黏膜上的细菌菌群或细菌层是导致毒素吸收的先决条件；并非每头猪都有大肠杆菌的刷状缘受体，如缺乏 F4 受体的猪具有遗传特性，这些猪不会让那些具有 F4 菌毛的大肠杆菌进行吸附，从而免于这类致病菌代谢分泌的毒素致病。②致病细菌附着于肠黏膜细胞的刷状缘，但细菌的定植需要多种因素，是条件性致病菌，如肠道正常蠕动对致病菌的机械性排泄作用、食物与肠道黏膜细胞间的黏液层厚度、猪只机体的免疫状态等。③发病日龄的内在机制。F18 受体在 20 日龄以下的猪不表达；而 F4 受体无论初生猪还是成年猪都有充分的表达；在断奶后最初几天，饲料诱导的受体变化可减以少 F18 阳性大肠杆菌的定植的可能性；在未断奶猪，发病的原因往往与不能即时排出大量产生水肿因子的致病大肠杆菌有关，如腹泻导致的肠道功能紊乱。④母源抗体的重要性。高滴度的母源抗体能通过中和大肠杆菌特定的抗原表位阻止致病菌的定植，这取决于母猪生产前良好的免疫状态。⑤肠道内微生物（如病毒、菌群环境）变化对大肠杆菌的定植的影响。如传染性胃肠炎病毒对上皮的损伤有利于致水肿病性大肠杆菌的定植。⑥酸性条件对大肠杆菌有抑制作用，断奶后仔猪胃内容物 pH 升高，而酸化饲料不能使空肠 pH 降低，但靠近空肠刷状缘的 pH 偏酸且可调节，且不受食糜 pH 影响，这将有利于限制大肠杆菌的增殖。⑦水肿病与"蛋白质中毒"。高蛋白饲料造成的碱性环境、高氨基酸营养有利于大肠杆菌的增殖，从而诱导水肿病的发生，但这一因素已不是当前导致水肿病发生的最主要原因。

四、临床症状

主要的临床症状有眼睑水肿、腹泻、神经症状（转圈、四肢游泳样动作）、轻度搔痒与皮下水肿、呼吸时的鼾声、叫声撕哑等。

五、病理剖检变化

主要的剖检病变为：胃大弯处及肌层水肿；肠系膜水肿；肠肌层水肿；腹腔浆膜的纤维素性渗出；脑膜及下层水样浸润、水肿。

六、实验室检查项目

包括细菌的分离与鉴定、水肿毒素的检出、动物回归试验、肠道内大肠杆菌菌群的计数、组织病理学检查。在现场诊断中，对肠道大肠杆菌总数的计数试验具有快速指导疾病防治的意义，当肠道内容物中溶血性大肠杆菌超过 10^6 个/g 内容物时，即可佐证对水肿病的诊断，所需时间为 18～24h。

七、确诊所需要的证据

确诊所需的证据有流行病学、临床症状、剖检、病理组织学检查、实验室检查。

八、鉴别诊断

需要进行鉴别诊断的疾病有金黄色葡萄球菌性肠炎、霉菌感染及毒素中毒、某些产毒素性艰难梭菌感染、不可鉴定或尚未鉴定的产毒素革兰氏阳性细菌感染、硒或维生素 E 缺乏症、硒或维生素 E 中毒症、仔猪伪狂犬病。

九、治疗与预防

1. 治疗

支持疗法包括使用利尿剂，如速尿；中枢神经抑制剂，如安定等。

抗菌疗法包括口服氨基苷类抗生素如庆大霉素、全群安普霉素饮水等；注射喹诺酮类如恩诺沙星等。但最好的方案是在进行细菌分离与计数的同时进行药敏试验，以期在最短时间内确定敏感药物。

2. 预防

包括选育有抵抗力的猪、预防感染（通过清理粪便、清除感染猪、有效的消毒等）、免疫防护（注射菌苗）、化学药物预防（如使用抗生素）、利用细菌生命学在猪群胃肠道建立有益菌群，强化一般管理措施（如减少断奶应激）等。

第十四章 仔猪葡萄球菌性 皮炎的防治策略

造成仔猪皮炎的原因主要有葡萄球菌性皮炎、坏死杆菌感染、真菌性皮炎、锌缺乏症、蠕形螨和疥螨感染、玫瑰糠疹、细小病毒感染、Ⅱ型圆环病毒感染、线虫早期感染等。近年来因葡萄球菌感染导致皮炎发生的病例越来越多，我们认为有必要对这类疾病进行剖析。葡萄球菌性皮炎可由猪葡萄球菌或金黄色葡萄球菌引起，这两者引起仔猪皮炎的原因和防治方案相同，只是在症状上有所差异。前者引起的皮炎称为"仔猪性表皮炎"，又名"油猪病"、"砂锅病"、"油腻猪病"等，是由猪葡萄球菌入侵仔猪体表皮层后引起的以糠麸样表皮损伤、油脂性炎性渗出为特征的传染病；后者引起的皮炎不出现皮肤的大量渗出物，表现为干燥的糠麸样表皮损伤特征的传染病。不论何种病原，只要能产生、分泌表皮脱落毒素，在适当条件下就有可能造成皮炎的发生。现将这两种原因引起的皮炎分述如下：

一、仔猪渗出性表皮炎

1. 病原学

猪葡萄球菌（staphylococcus hyicus）隶属细球菌科，葡萄球菌属，又名猪细球菌、表皮（白色）葡萄球菌生物型乙、海克斯葡萄球菌，在环境中广泛存在。

（1）形态与染色 此菌为革兰氏阳性圆球菌，直径 0.5～1.5μm，无夹膜，呈单个、成对、短链或葡萄串状存在。

（2）培养特性 此菌兼性厌氧。琼脂平板上菌落圆润、光滑、隆起。能溶解兔红细胞，但不溶解绵羊红细胞。不能以其产生的色素与其他葡萄球菌区分开。

（3）**生化特性** 凝固酶、麦芽糖、甘露醇、乙酰甲基甲醇反应阴性。DNA 酶、透明质酸酶、磷酸酶、聚山梨醇 80 反应阳性。以上生化试验用于与其他葡萄球菌的区分。

2. 流行病学

本病发生于 1～6 周的仔猪，尤以 10～21 日龄多发。通常是那些擦伤或咬伤的先被感染，以后可波及整个仔猪群，而哺乳母猪无任何损伤反应。死亡率不定。本病具有散发性，但在某个猪场可连续几年发生。

3. 临床症状

首先发现仔猪的颜面、耳、背、臀部皮肤表面呈干燥的糠麸样，随后有油脂样渗出物出现，背、臀部的皮肤在阳光照射下呈明显的粉红色油亮感，轻抚或抓猪时油脂状渗出物与糠麸样鳞屑表皮可粘满全手，且有一种特殊的气味。随病程的发展损伤可波及全身各部体表。病猪不食或少食，沉郁、扎堆、有痒感，在颜面部及耳部有数个黄豆到豌豆大小、被覆泥痂，外观形如泥点的溃疡。最后有些猪只皮肤变厚，呈慢性炎症过程或痊愈，也有的猪只因继发症、败血症而转归死亡。

4. 诊断

根据流行病学和临床症状，不难作出诊断。必要应与其他原因造成的皮炎进行鉴别诊断。

5. 治疗

根据发病的具体情况，选用以下介绍的方法。同时，应加强仔猪的饲喂与护理。

（1）**抗生素疗法** 肌内注射抗革兰氏阳性球菌性药物，如头孢类，每天 1～2 次，连用 3 天以上，同时皮肤表面涂布含抗生素的软膏，如四环素软膏等。

（2）**消毒剂疗法** 以无刺激的消毒剂直接对患猪体表喷雾，

如百毒杀、消毒王等，按说明稀释后即可使用，连用3～5天。

（3）中药疗法　以中成药大叶胺注射液肌内注射，3天为一个疗程；以公英、紫花地丁、栀子各等份煎汤药浴，连续使用3～5天。

二、仔猪金黄色葡萄球菌性皮炎

金黄色葡萄球菌在养殖环境中的分布特点同表皮葡萄球菌，可引起新生仔猪败血症、关节炎、增生性心内膜炎、脓肿等病症。

1. 流行病学

本病具有年龄限制性，一般为断奶前后的仔猪易发，在有本病流行的仔猪群中其发生率可达30％～80％。在断奶后的发病仔猪多是因为腹泻或肺炎等而继发皮炎；接触传播性，传染途径多是因为病猪与易感猪相互接触造成。调查表明，有时在排除断齿、咬伤、床网饲喂等可导致皮肤外伤的因素后，仍有本病的发生；本病的散发性与顽固性，有的猪场发病率很高，但同一地区的其他猪场可能根本就没有该病的发生。同一猪群也并非所有仔猪都发病。如果某一猪群已发生该病，除非找出诱因，采取果断措施根除该病，一旦任其流行，随时间延长将会造成愈来愈严重的损失，此时再想对疫情进行有效控制就要付出很大代价，值得一提的是，在国外某些猪群中，也有类似现象的发生；在有免疫抑制性疾病如猪瘟、伪狂犬病等存在时，该病的发病率提高了。该病无明显季节性，一般冬春多发、夏秋少发。

2. 临床症状

开始只见头、胸、腹侧皮肤发红，有少量鳞屑样物质生成。同时在头面部有散在的数个绿豆大小的泥点样物，实际是泥土或粪便覆盖在溃疡或受损皮肤上的结果；随病情进一步发展，全身皮肤发红，黄色或棕色鳞屑样物质逐渐增多，似有一层麸皮覆盖在体表的某个部位上，有的部位有大片棕色或黄色薄的结痂出现，这种结痂干燥，易剥落，为脱落的表皮和炎性渗出的混合物。被毛粗乱呈束状，皮肤黄染或棕染，病变部黏有泥土和粪便，整个外表给人一种污秽不堪的油腻的感觉，但以手触摸病变部位并无任何油腻物质黏在手上，也没有任何特殊示病性气味。按病变的严重程度依次为：胸及腹部、耳、四肢内侧、臀部和四肢外侧、头部、背部，一般在病变未发展到背部时已死亡；病猪无搔痒表现；有时体温升高至 39～40℃，这种情况一般发生在菌血症之后，有时可能继发肺炎、肠炎等；最终病猪独卧一隅，少食或厌食，精神沉郁，若不及时治疗则转归死亡。整个病程通常为 7～20 天，偶见急性死亡者，耐过者有时成为僵猪。

3. 大体剖检

外观脱水、消瘦，耳、鼻吻及四肢末梢发绀；皮下脂肪、结缔组织呈粉红色或紫红色，有时有少量黄色或红褐色胶冻样渗出物，皮下淋巴水肿、出血；继发肺炎时肺脏出现出血点、块状不规则的红色肝变区；有时因继发大肠杆菌病而导致肝周炎，在肝的外膜上有一层糜烂样的或完整的白色伪膜；若继发腹泻可导致空肠、回肠肠壁菲薄，内容物为黄色。

4. 实验室检查

（1）**直接涂片镜检**　取患猪病变部位表皮及结痂、心血、肝及肺脏的病变部位，经姬姆萨染色及革兰氏染色后镜检，可发现有大量成对、链状或葡萄串状的革兰氏阳性球菌存在，按视野内数量多少依次为：表皮及结痂、心血、肺脏、肝脏。

（2）**细菌的分离与鉴定**　无菌操作取病料接种于普通营养琼脂平板、高盐甘露醇琼脂平板、麦康凯琼脂平板，37℃，24h 后观察，发现在前两种培养基上的各病变部位接种区均有细菌长出。

对分离、纯化的细菌进行培养特性的观察，接种于普通营养琼脂平板、高盐甘露醇琼脂平板 37℃，24h 后，菌落直径约为 1mm、光滑、圆润、隆起、白色不透明，若继续培养超过 48h

后则逐渐有色素产生，使菌落由最初的白色变为淡橙黄色、黄色或金黄色，此种色素可溶于乙醇，此时菌落直径可达 2～3mm，以接种环轻挑发现略有黏性。高盐甘露醇琼脂由红色变为黄色，是分离菌利用甘露醇的结果；该分离菌在绵羊血琼脂上生长，为较大的白色菌落，37℃，30～36h 时其直径可达 2～3mm，完全溶血带四周有一较宽的不完全溶血区，与完全溶血带无明显界限，使其看上去不透明，将该平皿放到 4℃冰箱 4h 后再观察，不完全溶血区变为完全溶血区；在血清肉汤中生长迅速，37℃ 24h 后肉汤变混浊，管底有沉淀物，轻摇可散开，随培养时间延长逐渐有黄白色黏稠物沉于管底。

生化特性：触酶阳性、葡萄糖产酸、麦芽糖产酸、甘露醇阳性、聚山梨醇 80 反应阳性、凝固酶阳性。

（3）药敏试验　一般情况下，对头孢菌素类、阿莫西林、环丙沙星、恩诺沙星高敏；对青霉素、卡那霉素、链霉素、庆大霉素、痢菌净、氟哌酸、磺胺嘧啶不敏感。值得注意的是，有时试验结果提示该病原菌可能对氨基苷类抗生素、庆大霉素高敏，且在临床治疗中发现药效与试验结果相符，但这一结果并不一定适合所有猪群。在无条件作药敏试验的猪群，应尽量选择以前不曾使用的抗生素。提高疗效的最好办法是发病的各猪场或猪群分别作药敏试验。

（4）动物回归试验　取分离纯化的金黄色葡萄球菌接种于血清肉汤，37℃、10～12h 后将培养物划痕接种于 15～45 日龄健康仔猪胸、腹部皮肤，5～9 天后开始出现明显示病症状，此后可自病猪或病死猪回收到细菌。

5. 诊断与鉴别诊断

依特有的症状与病史可作出初步诊断，以选择培养基分离到大量该病病原菌后结合临床症状可作出确诊。本病易与锌缺乏症、癣病、玫瑰糠疹、猪疥癣及蠕形螨感染等相区别。该病不易与由猪葡萄球菌（表型Ⅱ）引起的仔猪渗出性表皮炎相区别，后

者的特征是在阳光下，以背部为主的病变部有明显可见的发亮的
油脂样渗出物，以手触摸或抓猪时有许多这样的渗出物连同鳞屑
样痂皮一起黏在手上，闻之有一种特殊气味。金黄色葡萄球菌和
猪葡萄球菌在培养基上不易以色素进行鉴别，以甘露醇生化试验
或培养基进行鉴别能明显区分这两类细菌。

6. 防治

（1）**预防**　对母猪的体况进行调理，通过合理的饲料配比、
系统的疾病防治使其达到最佳生产性能，从而使子代有较强的抗
病力。

定期体表驱虫，以减少猪疥螨、蠕形螨、蚊、蝇等外寄生虫
所引起的瘙痒和机械性刺激。可用菊酯类药物体表喷雾和注射伊
维菌素相结合来驱除螨虫，以菊酯类药物体表喷雾和定点诱杀的
方法驱除舍内蚊、蝇。

定期带猪喷雾消毒。通过对环境中细菌总数的测定、病原菌
对消毒剂的敏感试验来筛选几种较为高效的消毒剂交替使用，我
们对 11 种市售的消毒剂进行筛选后，发现含氯消毒剂优于季铵
盐类消毒剂，后者优于有机酸类消毒剂。且该结果与临床效果
相符。

尽量减少外伤。断齿时要使断端平齐；断尾、断脐、打耳
号、去势后局部及时使用消毒剂（如碘甘油、龙胆紫等）和抗生
素；使用平滑、无锐性物的网床；断奶后尽量选择在下午并窝。

提高机体特异性免疫力。对自发病猪群中分离到的致病性金
黄色葡萄球菌进行筛选，用具有良好抗原性的菌株制成自家油乳
剂灭活苗，根据猪群中该病的流行情况，对日龄较早即发病为主
的，只需对母猪进行产前、产后相隔 20～30 天的 2 次免疫。对
日龄较晚才发病为主的，还需对出生后 10 天内的仔猪进行 1 次
免疫。

（2）**治疗**　将发病的仔猪集中在一起进行以下治疗：①药
浴：以温和的、刺激性小的消毒剂对仔猪进行药浴，每天 2 次，

每次 10min 以上，连续 4～5 天。②药敷：将对病原菌高敏的抗生素或磺胺类药物溶于热的凡士林中趁热涂布于病猪体表，一般 2～3 天 1 次，连用 2～3 次。③有效抗葡萄球菌性药物注射：依药敏试验结果，选择高敏的抗生素或磺胺类药物进行注射。④对有其他症状的病猪，应进行对症治疗，同时喂给富含维生素 B 族类的药物。

三、与葡萄球性菌皮炎有关的因素

在临床诊疗中，我们发现仔猪葡萄球菌性皮炎的发生常与以下两种因素相关联，暗示着养殖场应在发生葡萄球菌性皮炎后，应及时查找根源，以避免其他更严重疾病的流行。①饲养管理不到位：不对外伤进行处理；仔猪网床或垫板不平；母猪乳腺炎；饲料营养不均衡，如 B 族维生素与必需氨基酸不充足、麸皮放置时间过长等。②某些疾病如猪繁殖与呼吸障碍综合征、猪瘟暴发前的免疫抑制。

第十五章　猪的寄生虫病的
防治策略

　　当前，在猪的寄生虫病的流行中，主要以如下四类危害较大：

　　(1) 线虫类　主要以鞭虫、蛔虫感染为主。但规模化猪场及稍有经验的养殖场都会定期对猪群进行驱虫。目前干清粪法使猪群接触感染性虫卵的几率减少、发酵床养殖模式的垫料使虫卵不易发育，加之现有抗线虫类药物的有效性及科学的用药期使寄生虫病不再是养殖者特别注重、难以控制的疾病。但我们仍发现小规模养殖的场、户，尤其是外购育肥仔猪的养殖者，忽视了猪群中的寄生虫因素。

　　(2) 螨类皮肤寄生虫　主要有疥螨和蠕形螨，这类寄生虫在猪群中普遍存在，定期对不同亚群进行驱虫，以避免因刺痒而导致的慢性消耗。

　　(3) 原虫类　主要有弓形虫、结肠小袋纤毛虫、球虫等。弓形虫以猫为终末宿主，但没有猫存在的猪场，仍有弓形虫病的发生，尤其某些猪群的母猪，发生了以"蓝耳"的耳部发绀为主要症状的疾病，结果发现是严重的弓形虫感染。鼠类带毒、垂直传播、针头连续感染是造成该病流行的主要原因。除弓形虫外其他的原虫：最主要的是球虫和结肠小袋纤毛虫。这两种寄生虫以轻微或继发感染为主要感染方式。

　　(4) 昆虫类外寄生虫　最主要的是苍蝇和蚊。苍蝇是传播夏季细菌性腹泻、神经型链球菌和李氏杆菌感染的最主要媒介。蚊是传播乙脑病毒和附红体的最主要媒介，甚至是冬、春季某些猪群发生"高热性疾病"和繁殖障碍的主要原因，其原因分别是附红体导致的免疫紊乱和乙脑对胎猪的强致病性。从长远效益看，夏、秋季节对这两种寄生虫进行综合防治很有必要。在夏、秋季节，通过安装纱网、添加药物（如抑制蝇蛆生长的环丙氨嗪）、喷洒杀虫剂（如胺菊酯、溴氢菊酯）、喷洒伊维菌素类药物，夜间使用蚊香、清除雨季时猪场附近积水或在污水中加入药物，以防蚊虫幼虫孳生，应用蚊蝇诱杀灯，种植具驱蚊（蝇）虫作用的花草（如夜丁香、猪笼草）等措施可有效控制蚊、蝇对猪群的骚扰和对疫病的传播。

在此，就猪的鞭虫病、蛔虫病、弓形虫病、螨类病的防治策略分述如下。

一、猪的线虫病

1. 猪鞭虫和蛔虫的致病性概述

对猪群危害最大、导致饲料报酬下降的线虫类寄生虫，当属猪鞭虫和蛔虫。它们对猪的致病过程略有差异，在猪体消化道内寄生部位不同，但可以用相同的防治方法进行防治。

猪鞭虫（猪毛首线虫）虫体为乳白色，前部细长，后部短粗，外观极似马鞭，故称鞭虫。虫卵呈麦粒形或橄榄状，棕黄色，两端有卵盖。成虫在盲肠中产卵，卵随粪便排到外界，在适宜的温度和湿度下，约经3周发育为感染性虫卵（镜检可见内含感染性幼虫）。虫卵随饲料、饮水、或猪舍地面的粪污被猪吞食，幼虫在肠内脱壳而出，直接固定在大肠黏膜上，约经1个月发育为成虫。轻度感染不显症状，严重感染时，虫体布满盲肠黏膜，引起腹泻、消瘦和贫血；虫体吸血而损伤肠黏膜，使粪便中带血凝块和脱落的黏膜，出现顽固性下痢；同时因黏膜损伤可继发肠道条件性致病菌感染发病，如副伤寒等。

猪蛔虫病的病原体为蛔科的猪蛔虫。猪蛔虫寄生在猪小肠中，是一种大型线虫，主要危害3～6月龄的仔猪。蛔虫能使仔猪生长发育不良，严重的可引起死亡。寄生在猪小肠中的雌虫产卵，虫卵随粪便排出，在适宜的外界环境下，经 11～12 天发育成含有感染性幼虫的卵。感染性虫卵随饲料、饮水或粪污被猪吞食后，在小肠中孵出幼虫，并进入肠壁的血管，随血流被带到肝脏，再继续沿腔静脉、右心室和肺动脉而移行至肺脏。幼虫由肺毛细血管进入肺泡，在这里渡过一定的发育阶段，此后再沿支气管、气管上行，后随黏液进入会厌，经食道而至小肠。从感染时起到再次回到小肠发育为成虫，共需 2～2.5 个月。幼虫在移行过程中对猪体造成的损伤作用主要表现在：幼虫移行至肝脏时，引起肝组织出血、变性和坏死，形成云雾状的乳斑肝。移行至肺时，引起蛔虫性肺炎。临床表现为咳嗽、稠痰、呼吸增快、体温升高、食欲减退和精神沉郁。病猪伏卧在地，不愿走动。幼虫移行时还可引起嗜酸性粒细胞增多，出现变态反应性荨麻疹和神经症状。成虫的致病作用是：成虫寄生在小肠时机械性地刺激肠黏膜，引起腹痛。蛔虫数量多时常聚集成团，堵塞肠道，导致肠破裂。有时蛔虫可进入胆管，造成胆管堵塞，引起黄疸等症状。成虫能分泌毒素，作用于中枢神经和血管，引起一系列神经症状。成虫夺取宿主大量营养，使仔猪腹泻，发育不良，生长受阻，被毛粗乱，常是形成"僵猪"的一个重要原因，可继发肠道条件性致病菌感染，或因虫卵携带猪瘟病毒造成猪瘟的流行。

2. 猪鞭虫和蛔虫的诊断

用饱和盐水漂浮法检查可发现粪便中的虫卵；死后剖检可在盲肠上发现病变和虫体。

3. 防治

（1）定期驱虫 断奶换料正常后的仔猪进行驱虫，20～35天后再次以同样方案进行驱虫；母猪空怀期间进行一次驱虫；及时控制并发或继发感染。

（2）网床 母猪产仔、仔培阶段尽量使用网床，以避免仔猪对含有感染性虫卵的接触；猪粪集中堆集发酵，作无害化处理。

(3) **药物防治** 对以上两种线虫的防治，主要有以下四类：

①大环内酯类：大环内酯类驱虫药物，包括阿维菌素类药物，主要成分有伊维菌素、多拉菌素、乙酰氨基阿维菌素、塞拉菌素等。阿维菌素注射液、伊维菌素注射液的浓度一般为1%，给药途径为皮下注射，给剂量为0.3 mg/kg；多拉菌素注射液的浓度为1%，可以进行皮下注射，也可进行肌内注射，给药剂量为0.3mg/kg；阿维菌素预混剂和伊维菌素预混剂的浓度多为0.2%，给药剂量为0.1～0.2 mg/（kg·d）拌料饲喂，连用7天。但应注意使用期间因剂量过大、混合不匀引起中毒的发生。

②苯并咪唑类：苯并咪唑类驱虫药，包括丙硫苯咪唑（即丙硫咪唑或阿苯达唑）、芬苯达唑、噻苯达唑、奥芬达唑、氧苯达唑、甲苯达（咪）唑。目前国内常用的主要是丙硫苯咪唑、芬苯达唑。使用剂量为：丙硫苯咪唑5～10 mg/kg，拌料饲喂，连用3～5天；芬苯达唑预混剂，5～7.5 mg/kg，拌料饲喂，连用3天。选用此类药物时需要注意的是：苯并咪唑类药物不用于妊娠1个月内的母猪；因某些猪群中的寄生虫已产生针对此类药物的耐药性，应定期更换别类抗寄生虫药物或联合用药。

③咪唑并噻唑类：咪唑并噻唑类驱虫药主要是左旋咪唑。使用时按每千克饲料中7～8 mg，拌料饲喂、饮水给药或皮下/肌内注射，连用2～3天。

④四氢噻嘧啶类：四氢噻嘧啶类驱虫药主要是噻嘧啶和四氢嘧啶，现在养猪业中已较少应用。给药剂量为20～22 mg/kg饲料，拌料饲喂或饮水给药，连用2～3天，此类药物对有齿冠尾线虫、鞭虫和肺线虫无效。

二、弓形虫病

1. 弓形虫的致病性概述

弓形虫病又称弓形体病，是一种人畜共患病。由刚地弓形虫在人和动物体内寄生而致的寄生原虫病。刚地弓形虫是一种机会性致病寄生虫，为专性细胞内寄生的原虫。弓形虫病呈世界性分布，是一种人畜共患病，在温血动物中广泛存在，猫科动物是其终末宿主和重要的传染源。弓形虫在正常人多为隐性感染，但是孕妇和免疫缺陷的患者近轻度的感染即可引起严重的后果，因此对婴儿的危害最为突出。目前，弓形虫病在人群中感染普遍，全世界约有 1/4 的人口受到威胁，血清的阳性率平均为 25％～50％，有的高达 85％以上。在我国，据第二次寄生虫病调查显示，我国一般人群弓形虫的平均感染率在 7.89％，动物饲养员的阳性率明显高于普通人群。近年来，大城市养猫的增多，但是防范意识薄弱，加速了本病的传播，感染率有不断上升趋势。

猪弓形虫病在某些猪场普遍存在，血清学检查阳性率高，但作为主要致病因子导致猪群大规模发病的病例并不多见，原因是：①弓形虫病不是当前猪病流行的最主要病原，其他传染性疾病造成的损失高于本病，与其他传染病在临床症状上有相似之处，如猪瘟、蓝耳病等。②猪群适应了本病原体的感染，对弓形虫的感染有了一定的耐受力，感染后不表现临床症状。③日常生产中对猪群的预防性给药，部分药物对弓形虫有抑杀作用。④养殖者往往在未能确诊疾病的情况下使用市售的磺胺类药物注射治疗，而此类药物可抑制弓形虫的繁殖，最终使发病猪群处于亚健康状态直至维持到出栏。尽管如此，我们在临床中仍经常观察到这样的病例：母猪在某一时间内经常有表现为耳紫、厌食、流产、体温升高者，以猪瘟、蓝耳病进行防治无效，实验室检查却是往往发现是单纯的弓形虫感染。因此，我们认为猪场仍应重视本病的致病作用，有必要对猪群弓形虫的感染状态进行全面评估。

患猪表现为体温升高到 40.5～42℃，高热稽留 3～10 天，厌食；粪便干燥直至后期附有白色伪膜，断奶猪多为拉稀，腹股沟淋巴结明显肿大；呼吸困难，呈腹式或犬坐式呼吸，咳嗽，流鼻液，这些呼吸道的症状是本病较特有的症状；随着病程的发展，四肢末梢皮下有紫斑或小出血点，有的出现肌肉强直或运步强拘等神经症状；慢性病例耳尖形成痂皮，甚至发生干性坏死；严重病例因衰竭而死亡；耐过的病猪往往遗留一些呼吸系统和神经系统症状，如咳嗽、运动障碍等，小猪变为僵猪，母猪出现流产、死胎等。

剖检可见全身实质器官和淋巴结出血，有不同程度的肿胀、变性和坏死，其中最有特征的病变在肺脏，通常肺肿大，呈暗红色、间质水肿、增宽，表面有尖针或粟粒大的出血点或灰白色的病灶，肺的切面流出大量带泡沫的液体。

2. 传播途径

弓形虫的滋养体可以通过口、鼻、咽、呼吸道黏膜、眼结膜和皮肤侵入各种动物和人的体内，更为普遍的感染途径可能是动物和人摄食了被卵囊污染的食物、饲草、饮水及土壤等。进入动物体后主要通过淋巴血液循环侵入有核细胞，在胞浆内以出芽的方式进行无性繁殖。猪感染弓形虫后，其症状、剖检变化和流行病学虽有一定的特征，但尚不足以作为确认的依据，本病必须做实验室检查，查出病原体及其特异性的抗体方能确诊。

3. 实验室检查的方法

（1）**直接抹片**　在剖检时取全血、肝、脾、肺、淋巴结、脑脊液等做成抹片姬姆萨氏液染色后检查滋养体，或做组织切片。在切片或抹片中发现虫体（在有核细胞中发现典型的虫体，同时在血浆或组织中发现大量伪包囊），即可确诊。

（2）**动物接种**　如果直接镜检不能检查出虫体，可取肺、肝、淋巴结研碎后加 10 倍生理盐水，加入双抗后，室温放置1h。取上清液接种小鼠腹腔，每只接种 0.5～1.0ml，可从病鼠腹腔液中发现虫体。

（3）**其他实验室诊断**　主要有酶联免疫吸附试验、补体结合反应、中和抗体试验、血球凝集反应和荧光抗体法等诊断方法；必要时可以利用 PCR 方法进行检测。

4. 防治

对于本病尚无一套有效的预防措施，作为一般措施，除禁止猫接触猪舍外，饲养员也要避免与猫接触，也不给猫喂生肉。同时，防止猪接触猫、鼠及未煮熟的碎肉；避免针头连续注射造成的传播；泔水在传播本病的同时还有可能传播其他病原（如肝炎病毒中的戊型肝炎病毒等），因此对取回的泔水加热处理后再饲喂猪群很有必要。

一旦发生本病时，器物要定期消毒，预防与治疗时使用磺胺类或林可胺类药物，如磺胺间甲氧嘧啶、林可霉素等。

三、猪的螨病

1. 概述

猪的疥螨病是由疥螨属的猪疥螨所引起的。由于虫体在皮肤内寄生，从而破坏皮肤的完整性，使猪瘙痒不安，导致生长发育不良，逐渐消瘦，甚至死亡。

猪蠕形螨病是蠕形螨科的猪蠕形螨寄生于猪的毛囊和皮脂腺中而引起的一种外寄生虫病。由于猪蠕形螨寄生在毛囊中，故又称毛囊虫病。其他家畜也各有其固有的蠕形螨，彼此互不感染。

2. 临床症状

由于疥螨在皮肤内用其口器挖掘穴道，在穴道里生长发育繁殖，产生有毒代谢产物，给猪造成机械性刺激和毒素的毒害作用，使猪在疥螨寄生处产生奇痒和炎症，患病猪就墙壁、栏柱、用具等处擦痒，引起皮肤组织损伤，患病皮肤上出现丘疹、水疱，这些患病部往往继发细菌感染，出现化脓；水疱和脓疮破溃后，随着水分的蒸发，皮肤表面干涸，皮肤结痂；随着病程的发展，严重时皮肤角质层增厚，干枯，皮肤有皱褶、龟裂、脱毛。病灶通常起始于眼周、颊部、臀部及耳部，逐渐蔓延到背部、躯干两侧、后肢内侧及全身。病猪由于处在持续性的剧痒应激状态，不安、食欲不振，生长发育受阻，逐渐消瘦，甚至死亡。

感染猪蠕形螨的患猪，感染部位一般先发生于猪的头部颜面、耳部、鼻部和颈侧等处的毛囊和皮脂腺，而后逐渐向其他部位蔓延。蠕形螨可使毛根发生如针尖、米粒或胡桃大小的白色囊，或发生脓肿和脓疱，皮下组织不增厚，脱皮也不严重，耳腔内出现数量不等的黄白色脓性结痂。仔猪最初表现为全身皮肤发红，而后有白色麸皮样物覆盖全身，有痒感；随病程延长背脊部变成一条 2～5cm 宽的红色带状少毛区，此阶段患猪体温可升高到 38.9～39.9℃。全身因擦痒而导致痂皮不规则脱落，露出红色的皮肤，此时可见到不等量的白色的鳞屑样痂皮附着。背、臀部皮肤有黑色条纹的横向皱褶；皮肤被毛稀疏而显得格外光亮，严重者全身无被毛，皮肤龟裂成各种形状的裂纹，成为带虫猪。

猪疥螨病和蠕形螨病的鉴别诊断，应通过对病变部位皮肤取样处理、镜检到相应的虫体后方可确诊。

3. 防治

防治措施：对猪疥螨和蠕形螨的防治方案相同。通常认为此类病在秋、冬和初春季节，尤其在阴雨、湿冷天发病比较严重，但当前在许多集约化养猪场，此类病发生的季节性并不明显，全年都可发生，尤其是不进行预防性、定期性杀虫的猪场，常见有此类病发生，而且比较严重。对此类病的治疗目前虽然已有许多有效的药物，但是，因为该病是具有高度接触传染性的寄生虫病，可直接通过猪体的接触，尤其是母猪传给仔猪、本交时的互传，以及通过患病猪摩擦脱落在外界的疥螨虫体和虫卵污染的栏舍、用具等传播，所以简单的用药治疗，往往不能收到良好的治疗效果，难以控制此类病的发生和流行。

对此类病控制的关键点是如何早期认知已有病情的发生及在仔猪群中感染发病的日龄和症状。有效的控制方法是病猪隔离治疗与全场猪只预防结合起来，治疗预防与环境杀虫结合起来；而且要根据类螨的生活发育史，在第一次用药后，第 2～3 周要接着进行第二次同样的治疗预防和环境杀虫，才能收到较好的防治效果；每到冬季来临前对母猪群进行驱虫可有效降低冬、春季节仔猪群的感染率。

因为目前许多杀虫药通常只对成虫和幼虫有效，对虫卵的杀灭作用较差或对虫卵无效，因此用1次药时往往只是杀死了成虫和幼虫，1周后那些没有被杀死的虫卵又重新孵化出来，造成新的危害，所以隔7～20天再次用药对控制猪螨类疾病非常重要，是防治此类病的关键措施。

目前用得较多的治疗方法有：

①双甲脒药浴或喷洒疗法：12.5％双甲脒乳油，喷洒或涂擦体表，每1 000L水加3～4L。

②阿维菌素类：如阿维菌素、伊维菌素、多拉菌素。药物皮下注射0.3mg/kg；0.6％含量的药物，口服每天0.1 mg/kg，连用7天。或在注射或口服时按产品说明进行操作。

第十六章 猪的霉菌感染及其毒素 中毒的防治策略

真菌在侵染农作物、饲草、饲料时产生的有毒代谢物，能引起动物生长发育迟缓，免疫力下降，器官机能障碍，导致人畜急慢性中毒、死亡；致畸、致癌、致突变。这些真菌包括担子菌（如有毒的蘑菇）、毛霉、青霉、镰孢霉、曲霉等，全世界有30％～40％的现有霉菌能在适当条件下产生霉菌毒素。毒素的产生发生在生长期间或存储期间，到目前为止估计至少有 300 种以上的霉菌毒素在人和动物身上会发生潜在中毒，还有更多的毒素不断被发现。研究较多的是黄曲霉毒素 B1（AFB1）、玉米赤霉烯酮（F-2）、呕吐毒素（DON）、T-2 毒素、赭曲霉毒素 A（OTA）、烟曲霉毒素 B1（FB1）等。众多畜牧业同仁一致认为，当前霉菌毒素在我国乃至世界养猪业中危害巨大，且越来越呈现出广泛的、严重的破坏性，对养猪业危害较大的霉菌毒素主要有：①烟曲霉毒素，当饲料中的含量≥500μg/kg时，可造成肺水肿、肝脏变性坏死、饲料转化率下降、对病原体敏感性增强等。②单端孢霉烯族毒素类，当饲料中的含量≥200μg/kg时，可造成采食量和生长速度下降、胃肠道功能紊乱、饲料转化率极差、皮肤损伤等。③赭曲霉毒素，当饲料中的含量≥100μg/kg时，可造成肾脏损伤、脱水、免疫抑制、对病原体敏感性提高、饲料转化率低等。④黄曲霉毒素，当饲料中的含量≥40μg/kg时，可造成对病原体敏感性增强、生长受阻、流产、无乳等。⑤玉米赤霉烯酮，当饲料中的含量≥250μg/kg 时，可造成繁殖率低下、精子质量和数量下降、窝产仔数减少、流产、母猪空怀期延长、高淘汰率等。统计自 2003 年 8 月至 2006 年 4 月所接触的 562 例病例后发现，直接由霉菌导致的严重的、原发性的疾病占 17.3%，而事实上猪群的发病率比这个数据可能更高，在某种程度上讲，霉菌毒素"听不到、闻不出和看不见"，是一类"隐身性"致病因子。甚至可以说，当前国内没有一个猪场不被饲料的发霉问题所困扰。只是大多数畜主没有意识到所养的猪不是没有疾病而是处于亚健康状态、或被别的疾病掩盖而忽视了这一更为重要的原发性因素，"没有明显可见经济损失就是没病"的观念依旧，对该病征的发生和潜在的危害不很清楚。

霉菌毒素是谷物或饲料中霉菌生长产生的次级代谢物，它们是与各种植物和环境相关的应激反应或霉菌生长条件的改变造成的。其中的毒物既包括了真菌自身产生的毒素，也包括了饲料或其原料受真菌污染导致的变质，营养成分的改变，从而形成对健康有害的物质，具体地说，因霉菌生长对寄生物的营养利用，将导致饲料品质发生如下八点变化：①蛋白质溶解度降低。②必需氨基酸含量降低。③粗脂肪含量下降。④淀粉含量下降。⑤维生素含量下降。⑥酸价或脂肪酸值升高。⑦有害的化学物质增加，如酸、醛、酮等。⑧霉菌毒素含量增加。因此，有霉菌大量生长的饲料营养品质低劣，有害化合物偏高，适口性变差，易使猪群发病。因饲料中霉菌毒素过高引起的猪的一系列病征称为猪的霉菌毒素中毒。一般认为，单纯毒素中毒的患猪，如无继发感染，体温不升高，在临床实践中发现，因霉菌毒素中毒的患猪在发病初、中期常伴有体温持续升高的现象，此时应用特异性抗血清、抗生素或抗病毒性药物不能使体温下降，剖检及实验室检查可排除细菌或病毒感染，常规血检显示中性粒细胞增多、嗜酸性粒细胞增多，在此类患猪体内经常可分离到产毒素性霉菌，包括毛霉类、青霉类、拟青霉类、镰孢霉类、曲霉菌类等霉菌，以后四者最常见。我们认为，不论霉菌毒素造成的机体损伤在先，还是同时有产生毒素的霉菌感染，至少要正视这种现实：多数情况下，在发生霉菌毒素中毒时，有生活力的霉菌也侵入到动物的机体内，参与了致病过程。因此，我们在临床上应将该类综合征命名为猪的"霉菌感染及毒素中毒"（MITT）。难于对MITT进行防控的原因是：①霉菌在自然界分布广泛，种类繁多，结构复杂，代谢产物多种多样，利于其生长及产生毒素的条件（基质、湿度、温度、时间等）不一。②我国饲料或原料来源的复杂性；饲料原料生长期间、贮存过程条件不统一。③养猪方式的多样性。④严格地讲，食物和饲料中的霉菌毒素只有限定标准而没有真正意义上的安全标准，只有当其中的霉菌毒素为"零"时才是真正安全的，因为即使很低量的霉菌毒素也会对免疫系统和新陈代谢产生有害作用，从而持续威胁人和动物健康。这里尤其要提到的是，饲料中往往不是某种霉菌毒素单独存在，多种霉菌毒素同时存在时对动物机体造成损害往往是"1+1＞2"的协同作用，饲料中的多种霉菌毒素均同时存在且低于限定标准，但它们胁同作用可能会对动物造成严重损害。鉴于产生霉菌感染及毒素中毒的原因很多，症状各异，我们认为有必要就临床中经常遇到的猪霉菌感染及毒素中毒原因进行分类、归纳，以期养殖者在饲养过程中加以避免。

一、病因

导致猪霉菌感染及毒素中毒发生的直接原因是吃到猪嘴中的"饮食"发生了霉变，主要原因如下：

（1）玉米发霉　若玉米成熟前后雨量增多，在未收获前就已产生霉变。在收获季节，农民喜欢将掰到家的玉米成堆堆放，直等到玉米外的皮变软了，好剥了，别的农活忙完了，才开始剥皮，堆积的结果，玉米细胞呼吸产热快、散热少，给霉菌的生长创造了良好的环境，等到皮剥完了，或不及时、有效地晾晒，或受雨淋，或在马路边晾晒，过路的机动车辗压新玉米的结果必是破碎粒的比例上升；近年来以联合收割机进行收获的玉米很多，机械性外力对玉米粒蜡质层的破坏增多，环境中的霉菌便从破损粒破口处附着，从此有了繁殖、生长、漫延感染、产生霉菌毒素的机会；长久贮存后打粒的做法，使普遍发霉的玉米芯大量混入玉米粒中；其他原因还有晾晒不够干、贮存不合理等。截止到2009年12月份，已很难在市场上买到质量好、水份含量低的玉米，含水量在17％～18％甚至20％以上的玉米，对于养殖者来讲好像是司空见惯的事情，对此早已麻木。

（2）**玉米面发霉**　原因是长时贮存、购入质量不佳，因粉碎成面时温度高、湿度大、成面后淀粉易于被霉菌利用。但有的养殖者只图省时省力，该情况在春节前后多见。有的因玉米含水量高，"把粉碎机的筛眼"都堵了，如不及时清理，饲料湿度大、易发霉的同时还有机器内剩余物的发霉。

（3）**玉米下脚料发霉**　用食品厂加工后的玉米下脚料作为饲料，这类产品因倒卖、贮存、运输等因素，易发生霉变。例如去胚芽后的剩余物（玉米蛋白粉，又称"吐噜渣子"、"棒子糠"）。

（4）**麸皮发霉**　贮存不当、购入质量不佳、贮存时漏雨雨淋以至成结块。有的猪场竟然口尝"有辣味"后仍大量购入喂猪。

（5）**豆粕发霉**　购入质量不佳、货源紧张时的库底。表现为过碎、颜色和气味不正、有霉团。

（6）**稻糠发霉**　购入质量不佳、贮存不当。

（7）**酒糟发霉**　主要因为含水量大、堆积。

（8）**泔水或泔水加料精方式的饲料发霉**　原因是这种饲料相对营养价值高，水分含量大，时间稍长则细菌、真菌就会大量增殖。有的猪场甚至在"过年"前后挖地窖大量长时贮存泔水，以便饭店歇业无泔水来源时使用。料车、贮池、料槽油腻粘结，且不经常清理。每到猪群发病高峰时，首当其冲发病的是那些以泔水喂养的猪群，养殖水平低、毒素含量高、免疫效果不理想是根本原因。

（9）**发霉的馒头或米饭** 自学校、单位或工厂收集的大量馒头或米饭进行贮存，虽喂猪前以发酵工艺发酵，但在此之前已严重霉变的食物，其内的毒素是不能通过发酵工艺完全脱毒的，况且这样处理饲料稍有不甚，即有可能造成霉菌的再生长。

（10）**过期的方便面或面渣** 油脂含量高的品牌更易发霉。

（11）**过期的面包渣** 尤其有奶油、果酱等作夹心的面包更易发霉。

（12）**变质的酸奶** 超低价出售的酸奶，肯定是不适于人类食用，于是厂家想到还有猪可以消耗掉质量不达标准的劣质奶，含有大量有害细菌、真菌及其毒素的不合格产品就流入到养猪业中。养猪者图便宜的心理或不正当处理此类酸奶的方法也会导致猪发病。

（13）**质量低劣的鱼粉**。

（14）**质量低劣的油饼** 芝麻饼、豆饼、菜籽饼等。

（15）**质量低劣的添加剂** 如某些用于促生长的添加剂，可能是食品厂下脚料的苹果渣，或许选用了污染大量霉菌的苹果做原料，或许制作过程中产品污染了大量的霉菌，并产生了相应的毒素，饲喂发生霉变的中草药添加剂。

（16）**发霉的小麦或面粉** 这类情况在一些小的养殖户多发。

（17）**发霉的青贮** 多发生于猪、牛或羊混养的场、户，青贮制作过程中漏气使青贮发霉，好的青贮喂给了牛或羊，发霉的青贮便扔到了猪舍任其采食。

（18）**变质的饮水** 饲养过程中过于仔细、经常不等水箱中的水漏净便又添加，水箱中的水因长期不空有"底"而致下部 1/3 的存水有强烈的霉臭味。

（19）**干料槽方式给予干料的后果** 不经常清理槽底，料槽底有结块；料槽近水源，底部受潮；猪群不调教，随处便溺。霉菌孢子可在猪只采食时自鼻孔吸入而感染呼吸道。

（20）**质量低劣的饲料** 饲料厂家对过期的、退回的饲料换

标签后再卖出，将经济损失转移给养殖业者，此情况在料精
多见。

（21）小料点饲料原料的不当囤积。

（22）**料精的发霉**　饲料厂家制作过程中用了质量低劣的、
已发生霉变的原料；贮存时间过长；制作粗劣，无内封的塑料袋
或塑料袋破损。或在夏天的饲料精中添加了过多的不合格油脂，
过氧化的结果及环境中过大的湿度，导致霉变。

（23）**仔猪诱食料的发霉**　主要是贮存期过长的结果。

（24）**已过保质期的鸡料喂猪**　以发霉、甚至"长毛"的鸡
料喂猪。因价格因素，此类事件易发生在小的场、户。

（25）**发生霉变的豆腐渣。**

（26）**发生霉变的花生饼。**

（27）**其他饲料原料**　主要是一些其他粮食源性产品的下脚
料的发霉。

（28）**过期或变质的鱼虫或鱼饵。**

（29）**虫害**　贮存的粮食颗粒不有效防虫害，不仅降低了原
料的营养价值，还为霉菌的入侵打开了门户。

（30）**质量低劣的食品厂的残次品或下脚料**　如发生霉变的
鸡蛋黄、雪米饼残渣等。

（31）**二重感染**　长期应用抗生素、短时间内应用抗生素的
量过大等。

二、防治方案

1. 树立强烈的饲料安全意识

因为霉菌及其毒素在饲料中的含量是处于临界态，或许并不
表现明显的征候，不被观察到而忽视了，当其含量增加时则表现
有明显的征候。许多诸如此类的问题对养殖者讲是"当局者迷"，
甚至有人善意地为他指出这样的问题时，仍然是"执迷不悟"，
因为他们的头脑中从未考虑过这样的因素会导致自己的猪场发

病，并可能因此造成重大的经济损失。请养殖者一定记住"病从口入"这句经验之谈，它适用于人类，同时也适用于动物。

养殖者多方面寻求饲料来源，以缓解日益紧张的常规饲料原料供应难能可贵，但同时也要防范霉菌感染及毒素中毒的发生，至少将其危害性降到最低。因地制宜地、科学合理地处理进场的饲料或原料，树立"饲料安全"意识十分重要。

如何从源头上对霉菌感染及毒素中毒进行防控，不仅仅是兽医工作者的任务，也关系到敏感的公共卫生问题，更需要全社会对霉菌感染及毒素中毒相关问题的关注。

2. 预防措施

（1）从饲料和饮用水源头上严格把关，挑选质量好的饲料原料，干料槽方式饲喂时应在饲料吃净后再添加。

（2）添加脱霉剂　除大宗原料中添加的有机酸（如丙酸、山梨酸、富马酸、苯甲酸等）和有机酸盐或酯（如丙酸钙、山梨酸钠、苯甲酸钠、富马酸二甲酯等）外，当前在养殖生产中有以下6类与防霉或去除霉菌毒素有关的添加剂：

①中药或植物类：主要成分有苦参、苦楝子、薄荷、大蒜素、茵陈蒿、海藻等，通过抑制饲料中霉菌生长速度、促进动物免疫功能和保护肝脏使动物免受霉菌毒侵害。

②硅铝酸盐或蒙脱石类：吸附霉菌毒素并使其自肠道排出。

③制霉菌素、灰黄霉素、二性霉素类抗生素：可抑制饲料中霉菌的过多增殖。

④寡聚糖类：可吸附霉菌毒素自肠道排出并激发肠道黏膜免疫系统功能上调。

⑤以维生素C及维生素E、硒、氨基酸为主要成分的复方：可增强动物机体的解毒功能。

⑥酶或活菌制剂：改变霉菌毒素结构变成无毒或低毒物质。以上各种药物，各有不同的作用机理。我们在此提醒读者的是，中医学"万物皆药，万物皆毒"的理念同样适用于以上药物，例

如蒙脱石类脱霉剂在吸附毒素的同时不可避免地会吸附饲料中的某些维生素或微量元素、抗生素类在抑制霉菌生长繁衍的同时也会对猪消化系统中共生霉菌产生抑制作用。

3. 及时查找病因并确定防治方案

与霉菌感染及毒素中毒有关的检查需要技术人员来完成。但养殖者可以根据猪群的症状怀疑猪群的发病与霉菌感染及毒素中毒相关，如呕吐、便秘与腹泻交替、小母猪假发情、繁殖障碍、免疫效果差等。针对某个发生霉菌感染及毒素中毒的猪场，必须仔细地进行调查，找出最可能的原因，有必要时送检可疑物质到有关检测部门。治疗时应全面考虑猪群的整体状况，而不仅仅一个单纯的霉菌感染及毒素中毒问题，例如有无细菌感染及毒素中毒并发或继发，有无因霉菌感染及毒素中毒造成免疫抑制后继发了猪瘟，呼吸道综合征是否很严重，是否个别猪附红体感染严重，是否应对以上可能发生的情况进行防范。

4. 积极控制继发感染

例如通过添加抗生素控制霉菌感染及毒素中毒腹泻时致病菌在消化道的乘机增殖。

第十七章　猪中暑的防治策略

由于外界环境中的光、热、湿度等物理因素对猪机体的作用，导致其体温调节功能发生障碍的一系列病理现象，称为猪的中暑，又称热卒中、发痧、中暍等。实践中，中暑包括了日射病、热射病和热痉挛。在现代规模化养猪的生产实践中，猪中暑的主要发病原因为热射病，热射病是指在炎热季节潮湿闷热环境中，机体新陈代谢旺盛，产热多，散热少，体内积热，热量不能散发，与环境的热量交换失衡，从而引起机体中枢神经系统功能紊乱的现象。也有少数猪因热痉挛发病，热痉挛是指机体因大量出汗、水盐损失过多，而引起的以肌肉痉挛收缩为主要症候的中暑。正常情况下，猪的机体会通过传导、辐射、对流、蒸发等散热方式与将体内的热量与外界环境进行交换（此外，还有粪能、尿能等），但猪皮肤的汗腺不发达，机体自身主要依靠热性喘息，将唾液和呼吸道水分蒸发散热，但当环境湿度过大、温度过高（超过30℃）时，此种散热方式将会受限。

一、病因

1. 生存环境闷热潮湿

本病主要在每年的6～9月份（夏至到处暑）间发生，具有明显、严格的季节性，这也是中暑发生的特征性因素。入暑后，气温逐渐升高，猪只机体逐步适应高温环境，但当气温过高，某些猪只机体内在的素质不能再适应这种外界的变化时，机体与外界能量（包括热量）、物质的交换不再处于动态的平衡中，从而成为中暑发生的先决条件。每年夏秋季节，雨水多、温度高、湿度大，猪只机体散热不良，中暑的发病率明显升高。如果此时猪群密度大，不采取有效的防暑降温措施，则极容易发生中暑。

2. 在高温环境中过度运动

在夏季的配种、移圈、并圈、因注射而追逐猪群、妊娠后期的母猪上网、售猪等情况下，如果不注意避免高温环境对猪群造成的热应激，使其剧烈运动，则中暑的发生率可能升高。

3. 长途运输

马不停蹄地长途运输而不采取有效的防暑降温措施，同时运输的数量多、密度大。

4　猪舍的建筑不合理

在建筑猪舍时不留后窗，前后窗不能形成有效的空气对流。或排风扇、电扇形成的气流距猪群的水平线过高，结果使猪体仍不能通过热辐射或对流进行有效的散热。在有的猪舍，即使夏季门窗全部打开仍时而有氨气的味道，暗示着有通风不良的可能。有的猪舍，密度过大、拥挤，猪只的生存空间狭小，个体通过热辐射方式散热不良。有的猪舍、猪圈四周以较高的水泥或砖墙作围栏，猪只本身的高度低于围墙的高度，气流难以形成，散热效率低。近来发现，"发酵床"养猪若设计不合理时，高温时节也会发生中暑。

5. 卫生不良

炎炎夏日，猪只的天性是喜欢在泥泞的粪尿中"打腻"，以降温，但现代规模化猪场的设计不可能有足够的泥水供其降温，因此不经常冲洗猪只降温的结果，势必是猪只的全身上下沾满粪尿，从而导致机体与外界环境的热交换减少。

6. 其他疾病诱发

在夏季，猪群有慢性或隐性猪瘟、轻微的猪呼吸道综合征、饲料变质等因素存在时，忽视或延迟原发病的治疗，都有发生中暑的可能。据笔者的临床统计，此种情况在小规模化猪场或散养户发生率较高。

二、症状

可分为伤暑、急性型和亚急性型中暑。

伤暑表现为猪的体温稍高或不高，长时间无食欲，饮欲有或无。精神尚好。口干、舌红。四肢无力。初便秘后腹泻或一直便秘。常因迁延不愈被淘汰。

急性中暑的发生，多在炎热的中午前后，体温突然升高41℃以上或更高，猝然倒地、口吐白沫，出气粗厉，眼球发红，继而睾丸及四肢出现发绀现象。后期全身苍白，昏迷，不及时采取有效的降温防暑措施，很快转归死亡。

亚急性型表现为有数天的精神不振、食欲下降或不食，但喜饮凉水。体温升高到39～40℃或体温并不明显升高。随后体温升高到41℃以上，呼吸急促，"哈哈"有声，张嘴喘息，舌伸于外，舌苔少或无，舌伸于外、舌质绛红。侧卧于地不起，以头着地，局部皮肤发绀（如睾丸、四肢、耳等），有时全身毛孔出血。个别患猪出现兴奋，但大多数患猪昏迷或沉郁。眼结膜潮红或呈树枝状充血，后期便秘。

三、诊断与鉴别诊断

依发病时间与气候因素、临床症状、患猪发病前后所处环境，不难作出确诊。但要注意与猪瘟、猪附红体病、霉菌感染及其毒素中毒的鉴别，附红体病的发生与猪群环境中存在大量蚊、蝇有关，发病猪的体表常有被蚊子叮咬过的疙瘩，姬姆萨染色的血涂片可见有大量附红体存在，以贝尼尔治疗有效；猪瘟的发生常与有效的免疫有关，有明显的发生、发展过程，常有可见的大体剖检变化；霉菌感染及其毒素中毒常有明显的饲料发霉、变质经历。

四、预防措施

1. 降温系统

（1）猪舍的建筑结构对散热的影响　设计科学、合理的猪舍对以后猪群的保暖和防暑至关重要。①场址的选择：应尽量选择在不低洼、通风好、最好附近有水面的开阔无遮蔽地带建场。②建筑材料的选择：选择隔热性能良好的建筑材料，以使猪舍内冬暖夏凉，并且可以节约保暖和防暑所用的能源，是一劳永逸的投入。③猪舍朝向：尽量以南北朝向建猪舍，以便有良好的通风、采光等条件。所谓"有钱不盖东厢房，夏天热冬天凉"，如果不得已用东厢房作为猪舍，那在夏季一定要记住使用遮阳网，同时采取其他有效的降温措施。母猪上网后的头向一定是向内，以避免头部受太阳的直射或高温。④猪舍的高度要适中，过高增加成本，过低导致通风、散热不良。前后窗的尺度要足够大，高低位置合理，最好前后窗相对，以形成有效的对流。

（2）通风设施　尽量使用大吊扇，高度要适中，吊扇间的位置间隔要合理，要注意过高效风量过少、过低对人或猪可能造成的危险。使用排风扇时，也要注意减少因高度差所导致的无效风量。

（3）凉水降温　夏季来临后，要以水冲圈，让猪群逐步适应水温，以便以后在天气炎热时对猪冲澡。"三伏"时节来临后以软胶管扎孔透水的办法来对定位栏猪群和上网母猪头部喷雾。在有条件的猪场，可以使用水帘进行降温。

（4）空调降温　在有条件的猪场，可以安装空调来对公猪进行降温，这在夏季可以有效提高精液质量。

（5）搞好猪场绿化　在猪舍的西侧或南侧可以种植些枝叶繁茂的树木；在猪舍的西侧或南侧可以种植些爬蔓类花草。这样既美化了养殖环境，又可起到遮阴降温的作用。

2. 预防性给药

春夏之交，对种猪群可以集中性给以预防性中药，用以预防夏季酷暑可能给猪只带来的不适。例如，"消黄散"：黄药子15g、贝母15g、知母15g、白药子15g、黄芩15g、郁金15g、甘草10g，研末后加蜂蜜，以开水冲服。可每2~3天1次，连续使用 3 次。又如可长期使用绿豆汤全群饮用。

3. 饲养管理要点

(1) **膘情与抗热体质**　对于种猪，一定要控制膘情不要过肥（一般 7～8 成膘为最佳状态），早、晚适当地运动，常喂些多汁的青饲与西瓜皮。

(2) **空间与密度**　夏季要让猪群有一个凉爽、舒适的空间。不同猪群，个体所占空间不同，大体上密度要减少相当于冬季猪群的 1/4～1/3。

(3) **热应激性药物的使用**　在饲料中添加抗热应激性药物来提高机体对热环境的抗力。化学性药物，可以使用一些市售的成品添加剂，其中的主要成分有氨基酸（如赖氨酸）、微量元素（如硒）、维生素（如维生素 E、维生素 C）、体液酸碱平衡性药物（如小苏打和氯化铵）。中药方剂主要有"六一散"、"香薷散"、"八正散"等。

4. 搞好环境卫生

猪圈的地面要清洁，可以定期以高压水枪冲洗粘在地面上的脏物，避免猪群在圈内"和泥"。

5. 降低舍内湿度

高湿季节，可以洒些干白灰等吸潮物在猪舍的闲置空间等处，但要注意避免猪群接触到并适时清除、更换。

6. 预防其他疾病的发生

要注意一些主要疾病的防治，如猪瘟、呼吸道复合征等。

五、治疗

治疗原则可以概括为"针灸为主，用药为辅，快诊急治，标本兼治"。

1. 快速降温

急性病例应立即以凉水冲淋头部及全身，全程持续 10min以上，在以后的治疗中又不间断以凉水冲淋。

2. 放血与针灸

针分水、百会等。且在耳尖、涌泉、八字等穴位放血，若血不易出或少似酱油色，则应当机立断割断耳缘静脉。用力挤出尽可能多的血液。

3. 灌服水液

立即以新熬的不开花绿豆上清液加纯冰的冰棍溶后灌服，或立即以 2～2.5L 凉水灌服。

4. 中药的使用（以 100kg 猪计）

伤暑时以香薷散加减灌服：香薷 60g、黄芩 30g、黄连 25g、甘草 30g、柴胡 30g、当归 30g、连翘 45g、花粉 60g、栀子 30g，共为末后，以开水冲，加蜂蜜后同调，分 2～3 次灌服。此方剂有清心解暑，养血生津的功效。若高热不退，加石膏、知母、薄荷、菊花等；昏迷抽搐，加石菖蒲、钩藤；津液大伤，加生地、元参、麦门冬、五味子等。

凡出现大热、大渴、大汗的"四大"症候的中暑病例，应立即以"白虎汤"加减灌服：石膏 250g、知母 60g、粳米 100g、甘草 45g。若津液大伤可加入党参 45g。水煎后去渣后灌服。

若暑伤心肾，表现为消渴、麻痹（如舌不自主的伸于口外）、舌红绛，则以连梅汤灌服：黄连 15g、乌梅 30g、麦门冬 30g、生地 30g、阿胶 30g，煮后服。

若暑湿相加，表现为精神不振、无食欲、呕吐、腹胀、腹泻、发热、不愿站立等，以市售的藿香正气水 5～10 瓶灌服。

若暑邪入心营，表现为倒地昏迷、气粗、身热、舌红绛，可用市售的清营汤灌服。

若暑邪入血分，表现为皮表紫色斑疹密布、舌绛、吐血、便血、四肢抽搐、角弓反张，作为经济动物，已无治疗价值，但若为有价值的种猪，则可用市售的神犀丹、安宫牛黄丸冲服。

若精神不振、耳耷头低，则以"通关散"吹鼻：白皂角、细辛、薄荷等份，研末后装瓶备用。

5. 西药的使用

立即以纯冰的冰棍溶于凉水中，加入适量的多维葡萄糖、小苏打灌服 2～2.5L 或更多。

当精神稍有好转时，注射安钠咖 10～15ml、维生素 B$_1$ 10～15ml。灌服 150～250ml 米醋或 150～250ml 0.5％的柠檬酸钠。

为防止因头部浇泼冷水而致的感冒，当患猪病情稳定后，应注射双黄连及广谱抗生素（如甲砜霉素、环丙沙星）。以后每天 1 次，连续注射 3 天。

6. 恢复过程的护理措施

对抢救有效的病例，要给予凉爽、舒适的空间，在饲料中加入适量的多维葡萄糖、电解质。对余热不尽、气血双亏的病例，可给予市售的"复脉汤"、"生脉饮"、"人参养荣汤"、"八珍汤"、"保元汤"等，逐渐给食鸡蛋及小米粥、绿豆粥等流食。

参考文献

安庆同，田志军，等.2008.高致病性猪繁殖与呼吸综合征病毒变异株主要
　囊膜蛋白糖 GP5 的遗传变异分析 [J].中国预防兽医学报，30（11）：
　851-855.

毕祥乐，房兴堂，等.2007.当前猪高热综合征的治疗方法及防治对策
　[J].中国畜牧兽医，34（5）：124-126.

B.E.斯特劳 [美].赵德明等主译.2008.猪病学 [M].第9版.北京：
　中国农业出版社.

蔡雪辉，刘永刚，等.2005.猪繁殖与呼吸综合征病毒国内分离株 GP3、
　GP5 和 N 蛋白抗原性分析 [J].中国预防兽医学报，75（5）：321-325.

蔡宝祥，姜平.2007.我国 PRRS 诊断技术与疫苗研究进展 [J].畜牧与兽
　医，39（8）：1-3.

陈希文，尹苗，等.2005.猪繁殖与呼吸综合征免疫学研究进展 [J].养
　猪，78（1）：29-32.

杜希珍，郭鑫，等.2007.猪繁殖与呼吸综合征 DNA 重组质粒对猪的免疫
　反应 [J].中国兽医杂志，43（11）：3-5.

樊福好.2008.猪的群体免疫学—揭开中国猪病高发生率的神秘面纱 [J].
　养猪，98（3）：41-44.

郭宝清，陈章水，等.1996.从疑似 PRRS 流产胎儿分离 PRRSV 的研究
　[J].中国畜禽传染病，18（2）：1-4.

高志强，郭鑫，杨汉春，等.2005.猪繁殖与呼吸综合征病毒缺失变异株的
　基因组特征 [J].畜牧兽医学报，36（6）：578-584.

高集去，范旭.2008.众专家为畜禽疫病防控提供解决方案 [J].兽医导
　刊，133（9）：19-20.

郝晓芳，周艳君，等.2007.高致病性猪繁殖与呼吸综合征病毒 RT-PCR
　鉴别诊断方法的建立 [J].中国预防兽医学报，29（9）：704-709.

韩贞珍，李太元，等.2007.猪繁殖与呼吸综合征的研究进展［J］.中国畜牧兽医，34（5）：109-111.

韩贞珍，金宁一，等.2008.猪繁殖与呼吸综合征病毒 M 蛋白和 SEA 共表达核酸疫苗的构建用鉴定［J］.中国兽医学报，28（1）：9-11.

贺飞，张永成，等.2008.妊娠母猪接种猪蓝耳病灭活疫苗引起的不良反应［J］.养猪，98（3）：53.

黄伟坚，卢桂娟，等.2007.南方三省猪繁殖与呼吸综合征病毒分子流行病学调查研究［J］.中国预防兽医学报，29（2）：150-154.

黄梅清，车勇良，等.2008.猪繁殖与呼吸综合征病毒欧洲型 FJ0602 株分离及其 ORF7 的序列分析［J］.中国预防兽医学报，30（3）：174-178.

胡钧.2005.猪繁殖与呼吸综合征病毒欧洲株在中国出现［J］.养猪，78（1）：56.

候继波，郑其升，等.2008.我国 PRRS 防制问题浅析［C］.第三届猪病防控学术研讨会会议论文集，（9）：260-262.

建伟，史子学，等.2008.一株隐性高致病性 PRRSV 的检出及其分离鉴定［C］.第三届猪病防控学术研讨会会议论文集，（9）：136-138.

贾幼陵.2008.当前兽医工作进展情况及今后工作设想［J］.兽医导刊，133（9）：5-7.

刘长明，危艳武，等.2008.高致病性猪繁殖与呼吸综合征病毒分离鉴定及其体外传代遗传变异分析［J］.中国预防兽医学报，30（5）：329-333.

李玉峰，姜平，等.2008.猪繁殖与呼吸综合征病毒 R98 弱毒株的分离鉴定与 ORFs3-7 基因特性研究［J］.中国兽医学报，28（1）：5-8.

廖俊伟，张小飞，等.2007.繁殖与呼吸综合征的研究进展［J］.养猪，94（5）：49-52.

梁皓仪.2008.不同蓝耳病疫苗的免疫效果—抗体效价分析［J］.养猪，99（4）：70-72.

林礼广，钟怡群.2008.高致病性蓝耳病灭活疫苗再惹祸［N］.南方农村报.

李志杰，丁壮，等.2008.猪繁殖与呼吸综合征病毒受体研究进展［C］.第三届猪病防控学术研讨会会议论文集，（9）：286-289.

马静云，李浩波，王玲玲，等.2008.高致病性 PRRSV 的分离及其 Nsp2 和 ORF 基因的序列分析［J］.中国兽医科学，38（08）50-657.

蒲秀英，梁剑平，等.2008. 金丝桃素体外抗高致病性猪繁殖与呼吸综合征病毒活性的研究［J］. 中国兽医科学，38（09）：810-815.

冉智光，杨汉春.2006. 猪繁殖与呼吸综合征研究进展［J］. 猪业科学，23（5）：21-22.

史志诚.2001. 动物毒物学［M］. 北京：中国农业出版社.

孙颖杰，孙延峰.1997. 猪生殖和呼吸综合征病毒的检疫和诊断［J］. 中国兽医杂志，23（2）：8-9.

邵国青，刘茂军，等.2007. 高温季节猪高热病的重要防控原则［J］. 畜牧与兽医，39（10）：57-58.

童光志，周艳君，郝晓芳，等.2007. 高致病性猪繁殖与呼吸综合征病毒的分离鉴定及其分子流行病学分析［J］. 中国预防兽医学报，29（5）：323-327.

吴增坚.2004. 养猪场猪病防治［M］. 北京：金盾出版社.

魏金涛，齐德生.2006. 饲料霉变品质变化及其评价指标探讨［J］. 饲料工业，27（11）：49-51.

魏宏，林锋强，等.2007. 猪繁殖与呼吸综合征病毒福州株 ORF2-7 基因结构分析［J］. 中国畜牧兽医，34（1）：82-85.

吴国军，蔡雪辉，等.2007. 猪繁殖与呼吸综合征病毒 CH-1R 株致弱过程中 ORF5 基因遗传变异分析［J］. 中国预防兽医学报，29（9）：665-670.

王连想，任裕其，等.2008. 猪繁殖与呼吸综合征抗体检测结果及分析［C］. 第三届猪病防控学术研讨会会议论文集，（9）：157-159.

吴锋，黄毓茂.2009. 猪传染性胃肠炎疫苗的研究进展［J］. 畜牧与兽医，41（12）：97-100.

徐百万. 动物免疫采样与监测技术手册［M］. 中国农业出版社：335-342.

徐国栋，李智红.2011. 国内猪瘟流行现状及防治（一）［J］. 中国动物保健，150（8）：28-30.

徐国栋，李智红.2011. 国内猪瘟流行现状及防治（二）［J］. 中国动物保健，151（9）：30-32.

徐国栋，李智红.2011. 国内猪瘟流行现状及防治（三）［J］. 中国动物保健，152（10）：35-37.

薛延伍，刘有昌，等.2008. 世界猪病动态研究进展——第 20 届国际猪病会（IPVS）简述［J］．兽医导刊，133（9）：65-66.

薛强，邹明强，等．2008．病毒感染的抗体依赖性增强作用及其机制［J］．中国预防兽医学报，30（9）：743-746.

希尼根，程安春，等．2008．猪繁殖与呼吸综合征病毒ORF5基因疫苗的构建及其Mark-145细胞中的表达［J］．中国预防兽医学报，30（3）：223-226.

尹彦涛，夏平安，崔保安，等．2008．猪繁殖与呼吸综合征病毒河南分离株ORF-7基因克隆与序列分析［J］．中国兽医学报，28（5）：496-500.

余丹丹，孙志，等．2008．猪繁殖与呼吸综合征病毒ORF5/6和ORF6/7重叠区分离（人工）改造病毒的构建及鉴定［J］．中国预防兽医学报，30（2）：81-85.

杨明娴，刑刚，等．2008．乳猪"高热症"猪繁殖与呼吸综合征病毒分离鉴定及致病性分析［J］．中国预防兽医学报，30（11）：846-850.

杨汉春．2007．猪高热综合征的发生与流行概况［J］．猪业科学，24（1）：78-80.

姚建聪，李美花，等．2006．我国规模化猪场蓝耳病流行病学调查［J］．猪业科学，23（5）：23-24.

杨汉春．2008．当前猪病的流行特点和防控措施［J］．中国畜牧杂志，44（12）：12-19.

闫丽萍，周艳君，等．2007．猪繁殖与呼吸综合征病毒结构蛋白基因ORF3、ORF5、ORF6在真核细胞中表达［J］．中国预防兽医学报，29（7）：501-505.

赵德明．2009．兽医病理学（第2版）［M］．北京：中国农业大学出版社．

赵耘，罗长宝，等．2001．猪生殖和呼吸综合征病毒B13株ORF7基因的克隆及在杆状病毒系统中的表达［J］．病毒学报，17（1）：75-80.

周艳君，童光志，等．2002．猪繁殖与呼吸综合征病毒CH-1a株核蛋白基因在原核系统中的高效表达与初步应用［J］．中国预防兽医学报，24（6）：401-404.

智海东，王云峰，等．2007．表达猪繁殖与呼吸综合征病毒CH-1a株核衣壳蛋白重组鸡痘病毒的构建［J］．中国预防兽医学报，29（1）：1-4.

庄金山，袁世山，张建武．2008．欧洲型PRRSV弱毒株全长基因组cDNA克隆的构建与分析［J］．中国兽医科学，38（08）：658-664.

朱中平. 2008. 猪高热病控制新策略 [J]. 中国畜牧杂志，44（12）：56-59.

周志平. 2008. 猪繁殖与呼吸综合征的流行特点 [J]. 上海畜牧兽医通讯，159（5）：46-47.

李政评，译，马洁莹，校. 2008. 澳洲兽医计划之猪繁殖与呼吸综合征预防策略 [J]. 猪与禽，（5）：1-14.

Bautista E M, Faaberg K S, Mickelson D, et al. 2002. Functional properties of the predicted helicase of porcine reproductive and respiratory syndrome virus [J]. Virology, 298 (2)：258-270.

Conzelmann K K, Visser N, Van Woensel P, Thiel HJ. 1993. Molecular characterization of porcine reproductive and respiratory syndrome virus, a member of the arterivirus group [J]. Virology, 193 (1)：329-339.

Dea S, Wilson L, Therrien D. 2000. Competitive ELISA for detection of antibodies to porcine reproductive and respiratory syndrome virus using recombinant E. cole expressed nucleocapsid protein as antigen [J]. J Virol Methods, 87 (1-2)：109-122.

Gonin P, Pirzadeh B, Gagnon C A, et al. Seroneutralization of porcine reproductive and respiratory syndrome virus correlates with antibody response to the GP5 major envelope glycoprotein [J], J Vet Diagn Invest, 11 (1)：20-26.

Yoo D W, Welch S K W, Lee C H, et al. 2004. Infectious cDNA clones of porcine reproductive and respiratory syndrome virus and their potential as vaccine vectors [J]. Vet Immunol Immunopathol, 102 (3)：143-154.

Lee C, Hodgins D, Calvert J G, et al. 2006. Mutations within the nuclear localization signal of the porcine reproductive and respiratory syndrome virus nucleocapsid protein attenuate virus replication [J]. Virology, 346 (1)：238-250.

Rowland Raymond R R. 2007. The stealthy nature of PRRSV infection：The dangers posed by that ever changing mystery swine disease [J]. The Veterinary Journal, 174 (3)：451.

Verheije M H, Welting T J M, Jansen H T, et al. 2002. Chimeric arteriviruses generated by swapping of the M protein ectodomain rule out a role of this domain in viral targeting [J] . Virology, 303 (2): 364 - 373.

Wissink E H J, Kroese M V, Maneschijn-Bonsing J G, *et al*. 2004. Significance of the oligosaccharides of the porcine reproductive and respiratory syndrome virus glycoprteins GP2a and GP5 for infectious virus production [J] . J Gen Virol, 85 (Part 12): 3715 - 3723.

Weiand E, Wieczorek-Krohmer M, Kohl D, *et al*. 1999. Monoclonal antibodies to the GP5 of respiratory syndrome virus are more effective in virus neutralization than monoclonal antibodies to the GP4 [J] . Vet Microbiol, 66 (3): 171 - 186.

Wensvoort G, Terpstra C, Pol J M, *et al*. 1991. Mystery swine disease in The Netherlands: the isolation of Lelystad virus [J] . Vet Q, 13 (3): 121 - 130.

图书在版编目（CIP）数据

猪场的饲养管理要点与猪病防治策略 / 徐国栋，郭
立力主编. —北京：中国农业出版社，2012.6
ISBN 978-7-109-16763-6

Ⅰ.①猪… Ⅱ.①徐…②郭… Ⅲ.①养猪学②猪病
-防治 Ⅳ.①S828②S858.28

中国版本图书馆 CIP 数据核字（2012）第 088039 号

中国农业出版社出版
（北京市朝阳区农展馆北路 2 号）
（邮政编码 100125）
责任编辑 王玉英

北京通州皇家印刷厂印刷　新华书店北京发行所发行
2012 年 7 月第 1 版　2012 年 7 月北京第 1 次印刷

开本：850mm×1168mm　1/32　印张：6.5
字数：158 千字
定价：45.00 元
（凡本版图书出现印刷、装订错误，请向出版社发行部调换）